PREMIERS ÉLÉMENTS

DE

GÉOMÉTRIE EXPÉRIMENTALE

3368-85. — Corbeil. Typ. et Stér. Crete.

PREMIERS ÉLÉMENTS

DE

GÉOMÉTRIE EXPÉRIMENTALE

appliquée

A LA MESURE DES LONGUEURS, DES SURFACES

ET DES VOLUMES

PAR

PAUL BERT

MEMBRE DE L'INSTITUT

PROFESSEUR A LA FACULTÉ DES SCIENCES DE PARIS

PARIS

LIBRAIRIE CH. DELAGRAVE

15, RUE SOUFFLOT, 15

1886

PRÉFACE

J'ai souvent constaté, et non sans étonnement, le peu
de goût des enfants de nos écoles primaires pour la
Géométrie. Je dis non sans étonnement, parce que la
Géométrie exerçant le raisonnement sur des choses
matérielles, tangibles, et donnant des résultats utilisables
dans toutes les circonstances de la vie, il semble que
les enfants, fort amoureux du concret, devraient y
prendre facilement goût.

En recherchant les causes de cette anomalie, j'ai cru
les trouver dans la manière dont ces premières notions
sur la science de la mesure des corps sont présentées
d'ordinaire. Tantôt l'étude des faits et des lois est pré-
cédée d'un interminable défilé de définitions qui ne
sauraient en aucune façon intéresser un enfant : un
livre que j'ai sous les yeux, qui se donne comme
« adopté par le ministère de l'instruction publique », en
énumère cent quatre-vingt-deux, avant d'arriver à la
Géométrie proprement dite !

La plupart réduisent beaucoup ce dictionnaire; mais
ils le font encore trop long et trop complet. En outre,
ils énoncent en détail des axiomes dont le moindre dé-
faut est l'inutilité absolue, et que cependant l'enfant doit
apprendre par cœur.

De plus, et ceci est grave, ils se croient obligés de
sacrifier à la métaphysique, en serrant de très près

la définition du point, de la ligne, de la surface, ce qui m'a toujours paru dérouter absolument les élèves. Comment peut-on espérer faire comprendre à un enfant de dix ans qu'une surface n'a que deux dimensions, qu'une feuille de papier n'a pas d'épaisseur? Et la ligne! Et le point! Le point n'a aucune dimension! Dites cela à un philosophe, soit, mais à un enfant! Pas de dimensions! et à l'appui de son dire, le maître marque au tableau noir un rond blanc de la largeur d'une pièce de 50 centimes!

Ce n'est pas tout; il faut encore apprendre ce que c'est qu'une *proposition*, qu'un *théorème*, qu'un *corollaire*, qu'un *lemme :* car tous ces mots barbares vont se rencontrer à chaque pas.

Enfin, toutes ces broussailles franchies, on arrive à la Géométrie même. C'est d'abord la théorie des parallèles, puis celle de la perpendiculaire ; un peu plus tard, l'étude des cas d'égalité des triangles, puis celle de leur similitude. Et pendant tout ce temps l'élève, l'esprit tendu sur des raisonnements très clairs et très précis, mais singulièrement secs, se demande à quoi tout cela peut bien servir. Les leçons suivent les leçons, et il ne se voit pas plus avancé qu'au premier jour; après une année écoulée, les opérations de l'arpenteur qui mesure des lignes, des angles, des surfaces, celles du tailleur de pierre et du charpentier qui mesurent des volumes, sont encore pour lui lettre close. Et c'est pourtant là le but qu'il vise, tant à cause des nécessités professionnelles de son avenir que de la tournure de son jeune esprit, tout passionné pour le concret.

Et on ne lui fournit que des abstractions! Ou bien on lui présente des faits concrets, mais sans intérêt réel. Qu'importe à l'enfant d'apprendre à décrire une circonférence passant par les trois sommets d'un triangle, ou de diviser une ligne en moyenne et extrême raison? Plus tard, fort bien, cela poura l'intéresser ; mais dans le cours même des leçons il n'y voit aucune utilité et il apprend machinalement les énoncés et les démonstrations.

J'ai pensé à procéder d'une tout autre manière. Je vais droit au but, et le but de l'étude de la Géométrie dans les écoles primaires, ce n'est pas la connaissance des relations et des propriétés des diverses figures ou volumes, mais la mesure des objets qui nous entourent. Or, ces objets sont de trois ordres : les lignes, les surfaces, les volumes. J'aborde donc d'emblée le problème, si bien qu'à la troisième ou quatrième leçon, l'enfant sait mesurer la hauteur d'un arbre ou d'une maison. Il arrive donc à un résultat utile, et il s'intéresse à son travail.

Les définitions viennent en chemin, au fur et à mesure que le besoin s'en fait sentir, et de même pour les démonstrations des propriétés élémentaires des figures.

On m'objectera tout d'abord que certaines de mes démonstrations manquent de précision, et qu'elles admettent comme des évidences des affirmations que la Géométrie démontre d'ordinaire dans ses premiers livres. Je répondrai que ces démonstrations prétendues n'en sont pas en réalité, puisqu'elles s'appuient toujours sur une évidence première non démontrable, un *postulat*. Au lieu de prendre comme d'habitude celui d'Euclide pour point de départ, j'en prends un autre, quelquefois un peu plus compliqué, mais ni plus ni moins évident, ni plus ni moins démontrable.

On me dira ensuite que l'ordre de mes leçons diffère étrangement de celui qui est classiquement suivi. Dès la quatrième, par exemple, je parle de figures semblables, et la théorie des similitudes est toujours reportée bien plus loin : il est vrai que je ne fais pas la théorie, et me contente d'en appeler au bon sens et à l'évidence d'observation.

A cette objection et à d'autres du même ordre, je répondrai par le titre de mon petit livre : *Premières Notions,* et je dirai : De deux choses l'une :

Ou bien l'enfant n'aura à sa disposition que quelques leçons, une demi-année, pour apprendre un peu de Géométrie, et au moins je lui aurai enseigné des choses utiles et pratiques, tout en formant son jugement aux raisonnements élémentaires de cette science ;

Ou bien il a plus de temps devant lui, et il ira au delà des strictes exigences de l'enseignement primaire ; et alors, il faudra recourir en seconde année à la méthode classique, à la démonstration régulière et en filière des diverses propriétés des lignes, figures, volumes. Mais alors cette mise en série l'intéressera, parce qu'il en sentira l'utilité : c'est toujours le même principe.

Ainsi, lorsque dans l'état actuel des choses on énumère les trois cas d'égalité des triangles, l'enfant s'ennuie : que lui importe ? Mais lorsqu'en étudiant mes *Premières Notions* il aura rencontré deux de ces cas d'égalité, dont la démonstration lui aura été donnée en leur lieu, c'està-dire en deux endroits différents, il sentira qu'il est bon de mettre de l'ordre dans toutes ces notions, et d'étudier d'ensemble tous les cas d'égalité des triangles.

Et ainsi de suite.

Mon petit livre est donc à la fois un ouvrage préparatoire à des études plus régulières et plus approfondies, et, pour la masse des enfants des écoles primaires, un ouvrage définitif, c'est-à-dire se suffisant à lui-même, et leur donnant les principales indications dont ils auront besoin dans le cours de leur vie.

A bord du *Melbourne*, février 1886.

Paul BERT.

PREMIERS ÉLÉMENTS

DE

GÉOMÉTRIE EXPÉRIMENTALE

PREMIÈRE LEÇON

DÉFINITIONS.

Le mot Géométrie vient de deux mots grecs : *gê*, qui veut dire terre, et *metron*, mesure.

La Géométrie est donc la science qui apprend à mesurer la terre ; elle apprend également à mesurer tout ce qui nous entoure.

Or, il y a trois espèces de choses à mesurer : les LONGUEURS, les SURFACES, les VOLUMES.

Ainsi : Combien y a-t-il de *mètres linéaires* d'un bout à l'autre de cette classe ? voilà une mesure de longueur ;

Combien le plancher de cette classe comprend-il de *mètres carrés ?* voilà une mesure de surface ;

Combien la classe contient-elle de *mètres cubes* d'air ? voilà une mesure de volume.

Il y a deux espèces de longueurs.

Les unes se mesurent sur des lignes *droites*, d'autres sur des lignes *courbes*. On appelle ligne droite (fig. 1) celle avec laquelle on peut *viser*, comme avec une règle (fig. 3). Les autres sont des lignes courbes (fig. 2).

1

Il y a trois espèces de surfaces.

Il y en a sur lesquelles on peut appliquer une ligne droite, une règle dans tous les sens (fig. 4), comme cette feuille de papier, ce banc, cette table, ce plancher, etc.: on les appelle des *surfaces planes* ou des *plans*.

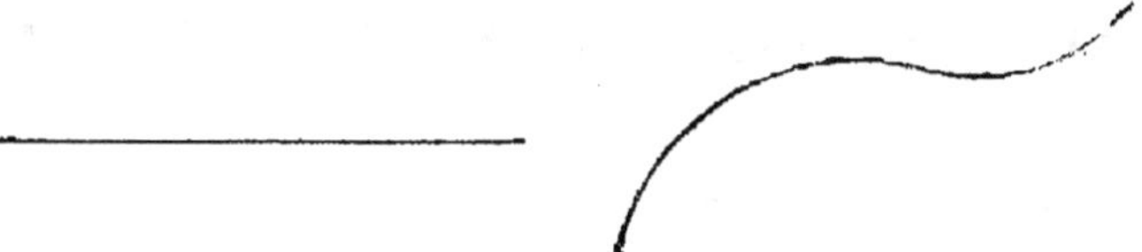

Fig. 1. — Ligne droite.   Fig. 2. — Ligne courbe.

Il y en a sur lesquelles on ne peut appliquer une règle que dans certains sens et non dans tous les sens, comme ce tuyau de poêle (fig. 5) et ce cornet; j'y applique une règle en long, mais non en travers : on les appelle des *surfaces courbes.*

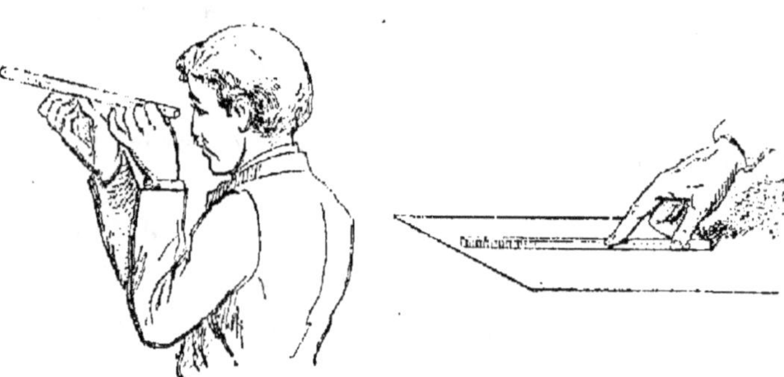

Fig. 3. — On appelle ligne *droite*, celle avec laquelle on peut *viser*, comme avec une règle.

Fig. 4. — On appelle *plan* ou *surface plane*, celle sur laquelle on peut appliquer une règle dans tous les sens.

Il y en a sur lesquelles il est impossible d'appliquer une ligne droite dans aucun sens; c'est le cas de cet œuf (fig. 6) et de ce globe terrestre : on les appelle des *surfaces rondes*

Il y a aussi trois espèces de volumes.

Les uns (fig. 7) sont limités de tous les côtés par des surfaces planes, c'est-à-dire que sur toutes leurs faces on

Fig. 5. — On appelle surface *courbe* celle sur laquelle on peut appliquer une règle dans certains sens, non dans d'autres.

Fig. 6. — On appelle surface *ronde* celle sur laquelle on ne peut appliquer la règle dans aucun sens.

peut appliquer une feuille de papier sans la courber : ainsi ce coffre, où je mets le bois pour le poêle.

D'autres (fig. 8) sont terminés à la fois par des surfaces

Fig. 7. — Certains volumes sont terminés de tous côtés par des surfaces planes.

Fig. 8. — Certains volumes sont terminés à la fois par des surfaces planes et par des surfaces courbes.

planes et par des surfaces courbes : ainsi les morceaux de bois que nous mettons dans notre poêle. J'applique aux deux bouts sciés une feuille de papier, qui est un plan, sans la courber; mais je n'en puis faire autant pour le tour.

Enfin, d'autres volumes (fig. 9) sont limités, soit partout, soit de quelque côté par une surface ronde, sur laquelle on ne peut appliquer une feuille de papier, même en la courbant, et de quelque manière qu'on s'y prenne. Voyez que j'essaye en vain avec ce globe terrestre. Et pour cette pomme coupée en deux, je ne puis appliquer ma feuille de papier que sur la partie où a passé le couteau.

Eh bien, *la* GÉOMÉTRIE *enseigne à mesurer toutes les espèces de lignes, de surfaces et de volumes.*

Fig. 9. — Certains volumes sont limités par des surfaces rondes.

Nous commencerons par les lignes droites, les surfaces planes et les volumes terminés par des surfaces planes. Plus tard, nous apprendrons à mesurer les lignes courbes, les surfaces

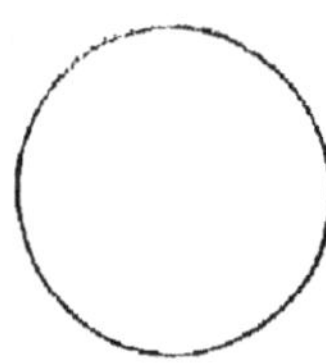

Fig. 10. — Surface plane terminée de tous côtés par des lignes droites.

Fig. 11. — Surface plane terminée de tous côtés par une ligne courbe.

Fig. 12. — Surface plane terminée à la fois par des lignes droite et courbe.

courbes et rondes, et les volumes qui présentent des surfaces courbes ou rondes.

Parmi les surfaces planes, il y en a qui sont terminées de tous côtés par des lignes droites : c'est le cas de cette feuille de papier (fig. 10). Il y en a d'autres qui, soit de tous côtés, soit de certains côtés, sont terminées par des lignes courbes : ainsi ce cercle (fig. 11) et ce demi-cercle (fig. 12). Nous n'étudierons les surfaces planes à contours courbes qu'avec les lignes courbes et les surfaces courbes elles-mêmes.

PREMIÈRE PARTIE

MESURE DES LONGUEURS SUR DES LIGNES DROITES.

DEUXIÈME LEÇON

LONGUEUR D'UNE DROITE DONT LES DEUX EXTRÉMITÉS SONT ACCESSIBLES.

Mesurer une chose, c'est chercher combien de fois est contenue dans cette chose une autre chose, bien connue, qu'on prend pour *unité*.

Fig. 13. — Mesure de la longueur de la classe.

Ainsi, mesurer la longueur de la classe, c'est chercher combien de fois elle contient l'*unité de longueur* que nous appelons le MÈTRE.

Voici un mètre. Il est lui-même divisé en parties dont

nous avons appris les noms en étudiant le système métrique.

Pour mesurer la longueur de la classe, rien de plus simple. Je prends mon mètre, et je l'applique sur la *cimaise* qui fait en ligne droite le tour de la salle, en commençant à l'une des extrémités (fig. 13). Puis je continue en plaçant mon mètre bout à bout jusqu'à ce que sois arrivé à l'autre extrémité de la salle. Je l'ai déjà appliqué 8 fois, et il me reste une longueur qui correspond au n° 65 marqué sur le mètre. J'en conclus que la longueur de la salle est de 8 mètres 65 centimètres.

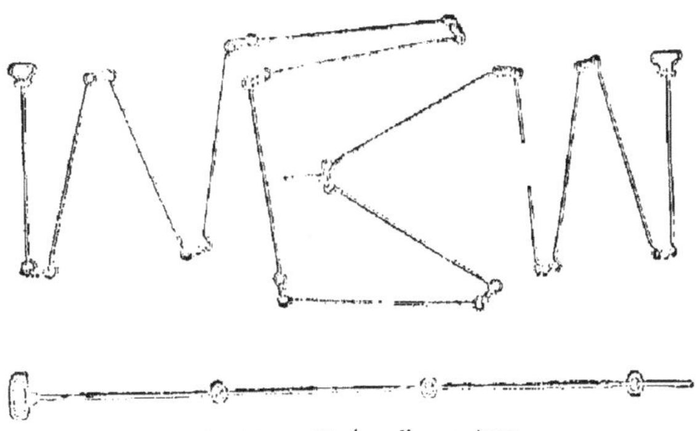

Fig. 14. — Chaîne d'arpentage.

Si nous voulions mesurer non une petite longueur, mais, par exemple, la distance d'ici à la maison de M. le maire, qui est à l'autre bout du village, ou encore la longueur du côté de la grande place, nous ne nous fatiguerions pas à transporter notre mètre 2 ou 300 fois de suite. Nous prendrions cette chaîne, qu'on appelle *chaîne d'arpentage* (fig. 14), et qui a 10 mètres de long. Nous aurions 10 fois moins de petites stations à faire, et c'est ainsi que procèdent les arpenteurs.

Tout cela est bien facile, parce que nous pouvons aller d'une extrémité à l'autre de la longueur à mesurer

et sans quitter la ligne droite qui unit ces deux extrémités, ces deux points.

Mais est-il possible de mesurer une longueur sans
avoir cette facilité ?

TROISIÈME LEÇON

LONGUEUR D'UNE DROITE DONT UNE SEULE EXTRÉMITÉ EST ACCESSIBLE.

Allons sur la place, devant la mare. De ce côté est un
grand peuplier ; allez, Ernest, planter ce piquet de l'au-

Fig. 15. — Mesure de la distance du peuplier au piquet.

tre côté (fig. 15). Pourriez-vous mesurer la distance du
pied du piquet au pied du peuplier, c'est-à-dire la longueur de la ligne droite qui les joint ?

— Oui, Monsieur, il n'y a qu'à tendre, entre le piquet

et le peuplier, une ficelle, et à mesurer ensuite avec le mètre la longueur de cette ficelle.

— Fort bien, mon ami ; mais je suppose que vous n'ayez pas de ficelle assez longue pour joindre le peuplier au piquet. Pourrions-nous cependant mesurer la distance de ces deux objets? Vous voilà embarrassé, et cela ne m'étonne pas. Cependant le problème est assez simple.

Fig. 16. — Mesure de l'angle CAB, ayant son sommet en B.

Traçons sur le sol, à partir du pied du peuplier une ligne AB, que nous mesurons à la chaîne jusqu'à 20 mètres de longueur, et plantons un piquet B à son extrémité (fig. 16).

Sur une feuille de carton (fig. 17), je tire une ligne ab de 20 centimètres de longueur. Elle devra représenter, au centième de sa longueur, la grande ligne AB.

Je me place maintenant au piquet B, et je plie une feuille de papier de manière à faire un coin (un ANGLE, comme on dit en géométrie). En m'y prenant à plusieurs fois, j'arrive à faire un angle tel que je puis, tenant horizontalement la feuille de papier, viser à la fois avec un de ses côtés le peuplier A et avec l'autre le piquet C (fig. 16).

Si je porte cet angle sur ma feuille de carton (fig. 17),

1.

en mettant le *sommet* au point *b* et en appliquant un des côtés sur la ligne *ab*, l'autre côté me donnera une ligne *bm*.

Vous comprenez très bien que sur cette espèce de portrait que je fais de nos piquets et de notre peuplier, le piquet C devra être placé quelque part sur la ligne *bm*, puisque c'est avec ce côté que je visais C. Mais où sera-t-il placé? je ne puis le savoir encore.

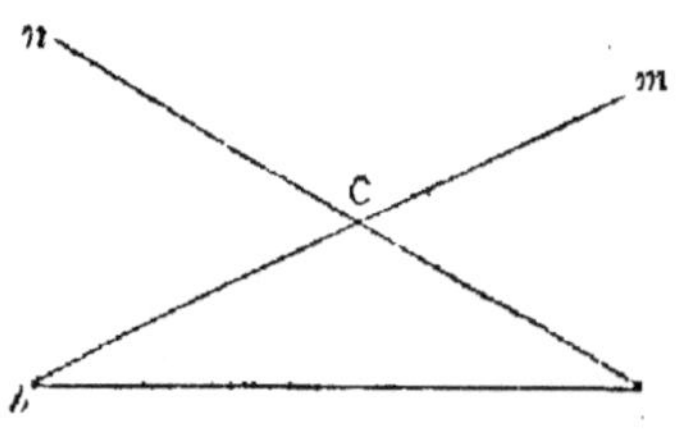

Fig. 17. — Construction du petit triangle *abc* qui est le *portrait* du grand triangle ABC de la figure 16.

Pour le trouver, transportons-nous à l'autre bout de la ligne, au pied du peuplier A. Faisons un nouvel angle, en visant à la fois B d'un côté, C de l'autre. Reportons cet angle sur le carton (fig. 17); nous obtenons une ligne *an*. Le même raisonnement nous prouve que le point qui devra représenter le piquet C sera placé sur la ligne *an*.

Puisqu'il doit être à la fois sur la ligne *bm* et sur la ligne *an*, il sera nécessairement à leur entrecroisement en *c*.

Or, il est bien évident que la petite figure à trois côtés et à trois angles *abc* (qu'on appelle un TRIANGLE à cause de ses trois angles) est l'image, le portrait, tracé sur le papier, de la grande figure, du grand triangle ABC tracé sur le sol. Ces deux figures se ressemblent, absolument comme le dessin en petit d'une feuille, d'une maison, d'un cheval, d'une charrue, ressemble à la feuille, à la maison, au cheval, à la charrue. C'est, à vrai dire, la même figure réduite.

Or, dans le portrait d'un cheval (fig. 18), portrait bien fait, bien proportionné, si nous trouvons, en prenant une mesure exacte, que la patte de devant est 10 fois plus petite que celle de l'animal lui-même, nous en conclurons que la patte de derrière est, elle aussi, dix fois plus petite que celle de l'animal. Et de même pour la tête, les oreilles, la queue, etc.

Revenons à nos triangles *abc* et ABC. Nous avons dit que *ab* a 20 centimètres et AB 20 mètres. En d'autres termes, *ab* est 100 fois plus petit que AB; par conséquent *ac* doit être 100 fois plus petit que AC. Or, AC est la longueur que nous cherchons à mesurer.

Fig. 18. — Portrait d'un cheval.

Prenons donc notre mètre divisé, mesurons exactement *ac*; je trouve 14 centimètres 8 millimètres, autrement écrit 0^m,148. En multipliant par 100, nous avons 14^m,8. Donc, telle est la distance cherchée entre le peuplier A et le piquet C.

QUATRIEME LEÇON

MESURE DE LA HAUTEUR D'UN ARBRE.

Faisons maintenant quelque chose qui paraît plus difficile encore. Regardez notre grand peuplier, nous sommes au pied. Pourrions-nous en mesurer la longueur, ou la hauteur, comme vous voudrez l'appeler ? C'est encore, à vrai dire, mesurer la longueur d'une droite dont une seule des extrémités, l'inférieure, est accessible.

Je sais bien que quelques-uns d'entre vous ne seraient pas très embarrassés pour grimper jusqu'au faîte de l'arbre avec une corde dont la longueur donnerait la hauteur de l'arbre. Mais c'est une manœuvre dangereuse, et que d'ailleurs on ne peut pas toujours exécuter.

Or, rien n'est plus simple que de mesurer cette hauteur sans grimper sur l'arbre. Je vais d'abord vous montrer ce qu'il faut faire, et je vous l'expliquerai ensuite. Venez avec moi.

Mais auparavant, regardez l'instrument si simple que je prépare : à peine peut-on dire que c'est un instrument. Je prends une feuille de carton, et je la plie en deux, comme ceci, de manière à ce que

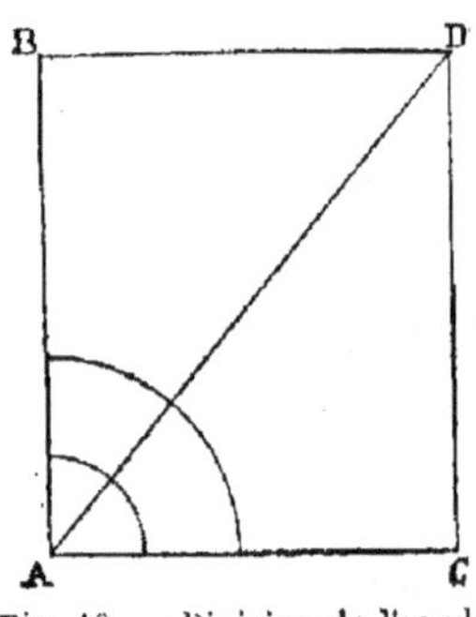
Fig. 19. — Division de l'angle A en deux angles égaux.

le côté AC s'applique sur le côté AB. J'ai ainsi divisé en deux parties égales, cela est bien évident, le coin A, l'angle A (fig. 19).

Bien ; sortons maintenant. Nous voici à quatre ou cinq mètres du pied du peuplier. Venez ici, Jacques. Je place l'angle A de mon morceau de carton devant votre œil, de telle manière que le côté AC soit bien de niveau, bien *horizontal* (fig. 20). Visez maintenant sur le côté AD, ami Jacques ; voyez-vous en même temps le sommet du peuplier ? — Oui, Monsieur. — Est-il en face du bout de AD ? — Non, il est bien au-dessus. — Bon ; reculons de quelques mètres. Et maintenant ? — Encore un peu au-dessus. — Reculons encore. — Ah !

maintenant, Monsieur, le haut du peuplier est juste au bout de la ligne. — Ah! ah! regardons. Oui, vous avez raison. Marquez sur le sol la place où vous avez le pied.

Eh bien, mes enfants, mesurons avec notre mètre la distance qui sépare la marque que vient de faire Jacques du pied du peuplier. Je dis que la hauteur de

Fig. 20. — Mesure de la hauteur d'un arbre (opération).

celui-ci sera juste égale à cette distance, avec, en plus, la hauteur de Jacques lui-même, au moins du sol à son œil. Voilà qui est fait : $15^m,75$ (distance) $+$ $1^m,25$ (hauteur de Jacques), soit 17 mètres. C'est bien facile, comme vous voyez.

CINQUIÈME LEÇON

MESURE DE LA HAUTEUR D'UN ARBRE (*suite*).

Oui, mais il faut comprendre ce que nous venons de faire. Rentrons dans la classe, et allons au tableau noir. Je dessine le peuplier BC, puis, Jacques et son morceau de carton avec l'angle en A (fig. 21). Je prolonge les deux côtés de l'angle : il y en a un, nous le savons, qui va aller en C, au haut du peuplier ; l'autre rencontre le tronc de l'arbre en D. Eh bien, je dis que la longueur AD, que nous avons trouvée être de 15^m,75, est égale à DC.

Rappelez-vous la manière dont nous avons préparé

Fig. 21. — Mesure de la hauteur d'un arbre : démonstration.

notre instrument, notre morceau de carton. L'angle que nous avons pris pour viser était la moitié de l'angle primitif de notre feuille de carton (fig. 19). Or cet angle était ce qu'on appelle un *angle droit*.

Voici ce que cela veut dire. Je prends une feuille de papier, et je la plie de manière à ce que le bord AB s'applique sur lui-même. Puis je la rouvre : j'ai ainsi un pli PM qui fait avec la ligne AB deux coins, deux angles *a* et *b* (fig. 22). Ces deux angles sont égaux, bien évidemment, puisqu'en repliant la feuille, leurs côtés s'appliquent exactement l'un sur l'autre.

Eh bien, ces angles égaux, faits par une ligne droite qui en rencontre une autre, s'appellent des angles droits. La ligne, ici notre pli, MP, on dit qu'elle est *perpendiculaire* sur l'autre, AB.

Évidemment, le peuplier est perpendiculaire par rapport à la ligne *horizontale* avec laquelle visait Jacques; car il est bien droit, bien *vertical*. Donc, l'angle en D (fig. 21) est un angle droit.

Or, l'angle en A est la moitié d'un angle droit. Reprenons une autre feuille de papier, qui, vous le voyez, a ses quatre angles droits, et plions-la de manière que le côté AB s'applique sur le côté AD (fig. 23). Puis, coupons-la suivant le pli AC. Nous avons ainsi un triangle ACD.

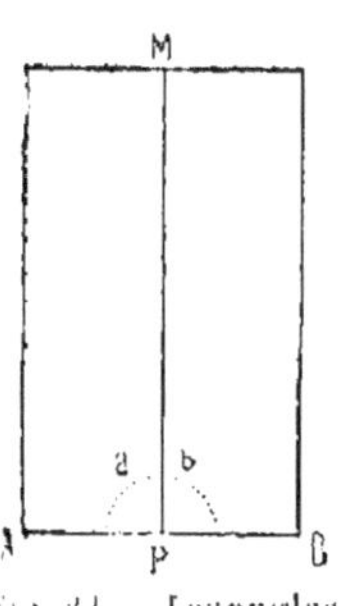

Fig. 22. — Les angles *a* et *b* sont des angles *droits*.

Dans ce triangle, nous savons que l'angle *d* est un angle droit, et que l'angle *a* est la moitié d'un angle droit. Plions encore notre triangle de manière à ce que le côté DA s'applique sur le

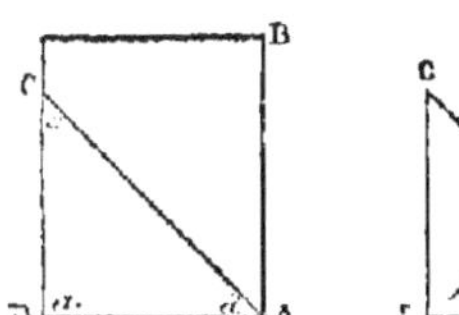
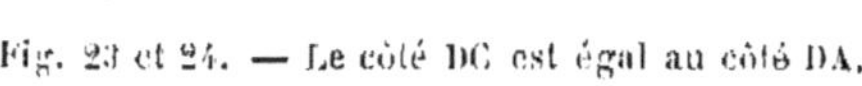

Fig. 23 et 24. — Le côté DC est égal au côté DA.

côté DC. Voyez quel curieux résultat. Le point A vient juste tomber sur le point C, et la ligne AC se plie en deux parties qui s'appliquent exactement l'une sur l'autre (fig. 24).

Qu'est-ce que cela prouve? Cela prouve que le côté AD est égal au côté DC; ou, si vous voulez que nous parlions en général, cela prouve que, *dans un triangle qui a un angle droit et un angle égal à un demi-angle droit, les deux côtés qui forment l'angle droit sont égaux.*

Regardez maintenant sur le tableau noir (fig. 21). Le triangle ADC n'a-t-il pas un angle droit en D et un demi-angle droit en A? Par conséquent le côté AD est égal au côté DC. Par conséquent notre peuplier a bien $15^m,75$ de haut, avec en plus les $1^m,25$ que mesure maître Jacques.

Et voilà ce qu'il fallait démontrer, et ce que, je l'espère, tout le monde a bien compris.

SIXIÈME LEÇON

MESURE DE LA HAUTEUR D'UN ARBRE (*autre méthode*).

Est-ce que vous ne comprenez pas, vous, Henri? vous, dont le père achète tous les ans des peupliers? Votre père doit se servir du moyen simple que je viens de vous indiquer.

— Oui, Monsieur; mais il fait quelquefois autrement; et c'est encore bien plus facile.

— Et comment cela, mon enfant?

— Quand il fait du soleil, papa mesure la longueur de l'ombre du peuplier; puis il plante sa canne en terre, et il mesure la longueur de l'ombre de sa canne (fig. 25). Et alors il dit qu'il connaît la hauteur du peuplier.

— Fort bien; et votre père a raison. Mais pourriez-vous m'expliquer comment cela se fait?

— Non, Monsieur.

— Vous devriez pourtant vous en douter, si vous avez bien suivi mes démonstrations précédentes.

Voyons, figurons au tableau noir par des lignes le peuplier AB et la canne *ab*, avec leurs ombres BC et *bc*

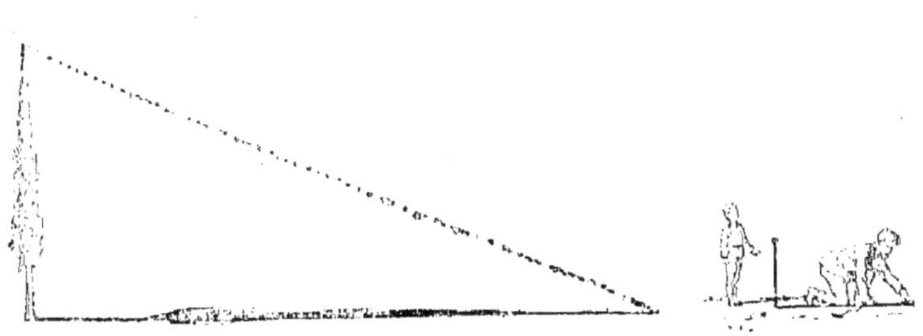

Fig. 25. — Mesure de la hauteur d'un arbre par la mesure de l'ombre.

(fig. 26). Si je joins les sommets du peuplier et de la canne avec ceux des ombres, j'ai deux triangles ABC et *abc*. Il est bien évident que ces deux triangles sont semblables dans toutes leurs parties : le petit est la copie du grand.

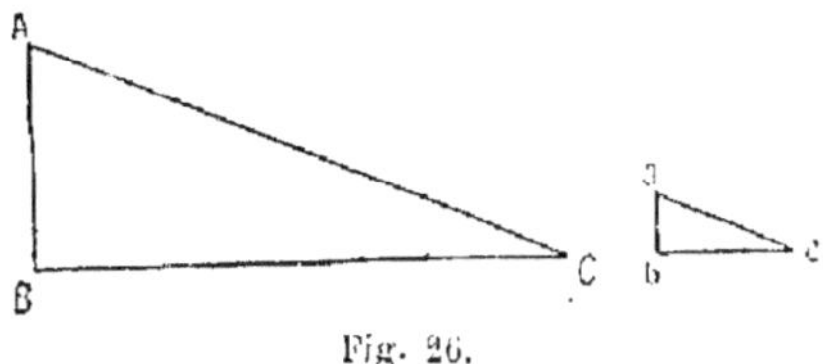

Fig. 26.

Donc si le côté *bc* est, par exemple, douze fois plus petit que le côté BC, le côté *ab* sera lui aussi douze fois plus petit que le côté AB. En d'autres termes, si l'ombre de la canne est douze fois plus petite que celle de l'arbre, la canne sera douze fois plus petite que l'arbre.

Votre père connaît à l'avance la longueur de sa canne. Quand il a mesuré l'ombre du peuplier et l'ombre de sa canne, il lui est bien facile de connaître la hauteur de l'arbre. La hauteur de l'arbre vaut autant de fois la hauteur de la canne que la longueur de l'ombre de l'arbre valait de fois la longueur de l'ombre de la canne.

SEPTIÈME LEÇON

MESURE DE LA LONGUEUR D'UNE DROITE DONT LES DEUX EXTRÉMITÉS SONT INACCESSIBLES.

Arrivons enfin à autre chose d'encore plus difficile.

Nous venons de mesurer la largeur de la mare et la hauteur du peuplier, c'est-à-dire, en somme, *la distance qui sépare un point accessible* (le pied du peuplier) *d'un point inaccessible* (piquet de l'autre côté de la mare, ou sommet du peuplier).

Peut-on mesurer *la distance de deux points inaccessibles?*

Voyez là-bas, au fond de la grande place, ces deux bornes assez éloignées l'une de l'autre.

Si la rivière traversait la place, pourrions-nous, malgré cet obstacle, mesurer d'ici la distance de ces deux bornes qui seraient alors inaccessibles?

Certainement, et je veux vous montrer à résoudre ce problème vraiment intéressant.

Traçons ici, sous les fenêtres de l'école, une ligne droite d'une certaine longueur, de 25 mètres, par exemple (fig. 27).

Regardez; sur notre feuille de carton, je tire une ligne ayant 25 centimètres de longueur (fig. 29). Elle va, avec les deux points *c* et *d* marqués à ses deux extrémités, représenter notre longue ligne terminée par ses deux piquets.

Maintenant, je me place à l'une des extrémités, C (fig. 28), et avec une feuille de papier que je plie je fais un angle tel que l'un des côtés étant dirigé sur l'autre extrémité D, je puisse viser avec l'autre côté la borne de gauche, que j'appelle P.

Je porte mon angle de papier sur ma feuille de carton

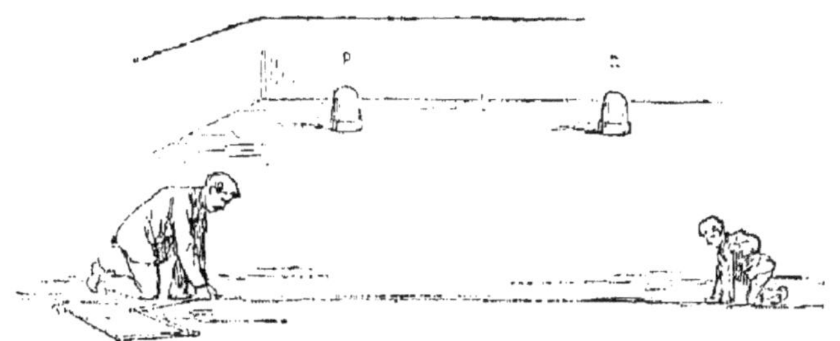

Fig. 27. — Mesure de la distance PR des bornes P et R (1er temps de l'opération).

(fig. 29), en plaçant son *sommet* en *c*, et appliquant l'un des côtés sur la ligne *cd*, comme j'avais fait en visant tout à l'heure.

L'autre côté me donne une direction *cm*. Évidemment la borne P doit être représentée sur cette ligne. Mais où?

Allons nous placer à l'autre bout de la ligne, au piquet D (fig. 28). Faisons un autre angle en papier, de

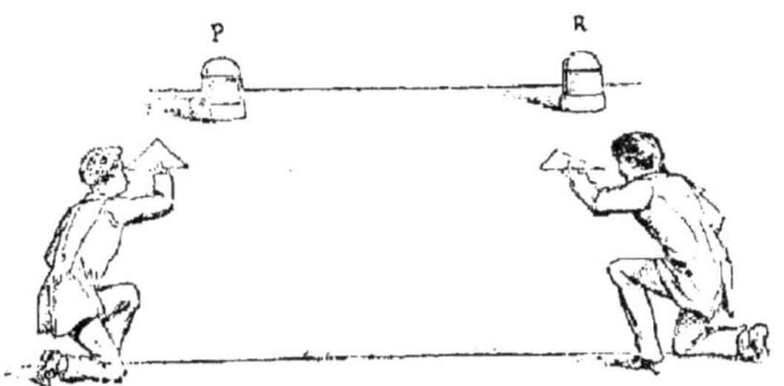

Fig. 28. — Mesure de la distance PR des bornes P et R (2e temps de l'opération).

manière à pouvoir viser d'un côté le piquet C, de l'autre la borne P. Transporté comme le précédent sur la feuille de carton (fig. 29), notre angle nous donne une nouvelle direction *dn*, sur laquelle devra nécessairement se trouver aussi la place de la borne P.

Donc P, devant se trouver à la fois sur *am* et sur *bn*, sera bien évidemment juste au point où ces deux lignes se coupent, c'est-à-dire en *p*.

Nous avons ainsi trouvé sur notre plan la place de la borne de gauche.

HUITIÈME LEÇON

MESURE DE LA LONGUEUR D'UNE LIGNE DONT LES DEUX EXTRÉMITÉS SONT INACCESSIBLES (*suite*).

Recommençons maintenant pour la borne de droite R ce que nous avons fait pour l'autre. Deux mesures d'angles, deux visées, l'une à partir du piquet C, l'autre à partir du piquet D, nous amènent de même à marquer sur notre feuille de carton un point *r* qui correspond à R.

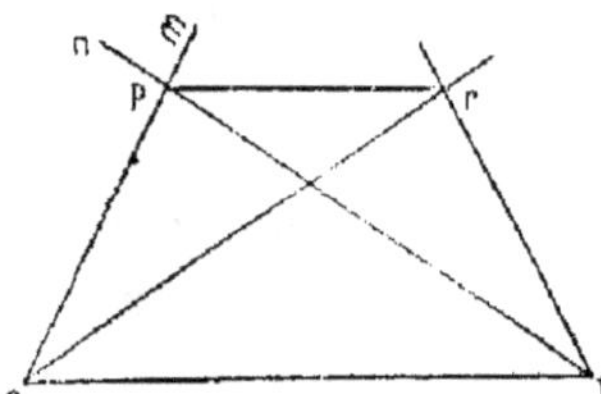

Fig. 29. — Construction d'une figure qui est le portrait de la grande figure tracée sur le sol.

Joignons maintenant par une ligne les deux points *p* et *r*. Il est bien évident que la petite figure *cdpr* est le portrait, sur le papier, de la grande figure tracée sur le sol.

C'en est l'image réduite dans la proportion de 25 mètres à 25 centimètres, c'est-à-dire au centième, puisque *cd* est 100 fois plus petit que CD. Par conséquent *pr* doit être 100 fois plus petit que PR.

Or, je trouve que *pr* mesure 0^{m},126. En multipliant par 100, nous avons 12^{m},60, qui est la distance cherchée entre les deux bornes inaccessibles.

Vous voyez que, du même coup, nous pouvons mesurer les distances CP, CR, DP, DR, en multipliant par 100 les longueurs *cp*, *cr*, *dp*, *dr*. Rien de plus simple.

Vérifions maintenant, puisque nous pouvons en réalité atteindre les bornes P et R. Nous trouvons $12^m,10$. Nous nous sommes trompés de 50 centimètres.

Pourquoi cette erreur ? Est-ce que nous avons mal raisonné ? Non. Mais nos instruments étaient trop grossiers; en taillant nos angles, nous les avons faits ou trop grands ou trop petits.

Pour prendre ces mesures bien exactes, il faut avoir des instruments mieux fabriqués. Nous apprendrons à nous en servir quand nous ferons de l'*arpentage*.

Mais vous comprenez bien que cela ne fait rien au raisonnement : on opère toujours de la même manière. Je ne suis pas fâché du reste de vous avoir montré qu'on peut bien souvent prendre ces mesures sans trop se tromper, rien qu'avec un morceau de papier.

Nous en avons fini avec la mesure des longueurs droites, puisque nous avons appris à mesurer la longueur : 1° d'une ligne dont les deux extrémités sont accessibles ; 2° d'une ligne dont l'une des deux extrémités est seule accessible ; 3° d'une ligne dont les deux extrémités sont inaccessibles.

Passons maintenant à la mesure des surfaces limitées par des lignes droites.

DEUXIÈME PARTIE

NEUVIÈME LEÇON

LE RECTANGLE. — LE CARRÉ.

Je prends une feuille de papier (fig. 30, A).

Les quatre angles sont, vous le voyez, des angles *droits*. Les quatre côtés ne sont pas égaux ; il y en a deux grands et deux petits ; mais les deux petits sont égaux entre eux, et les deux grands, aussi ; rien de plus facile que de vérifier tout cela en pliant la feuille en long et en large. Une telle figure s'appelle un RECTANGLE.

Je le plie maintenant obliquement, en appliquant un des petits côtés sur l'un des grands côtés. Puis, j'enlève tout ce qui dépasse.

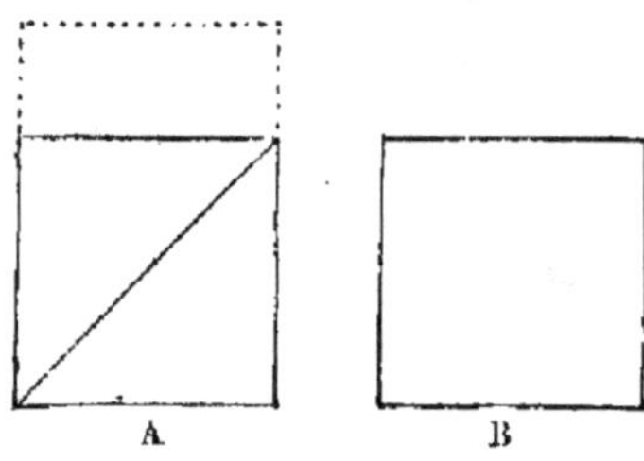

Fig. 30. — A, rectangle ; B, carré.

Étalant de nouveau la feuille, j'obtiens une figure (fig. 30, B) qui a quatre angles droits, et dont les quatre côtés sont égaux ; ce qui est bien évident, puisque j'ai coupé les deux grands côtés juste à la longueur des deux petits.

Une telle figure s'appelle un CARRÉ.

Un carré dont chaque côté mesure 1 mètre s'appelle un *mètre carré*.

Je dessine sur le tableau noir un carré de 1 mètre de côté. Puis je divise chaque côté en dix parties égales, en *décimètres*. Si je joins par des lignes droites ces divisions, j'obtiens ainsi un grand nombre de carrés ayant chacun un décimètre de côté (fig. 31). On les appelle décimètres carrés. Combien y en a-t-il? Comptons le long d'un des côtés; nous en trouvons dix. Or, il y a dix rangées semblables superposées l'une à l'autre. Dix rangées de dix carrés chacune, cela fait 100 carrés.

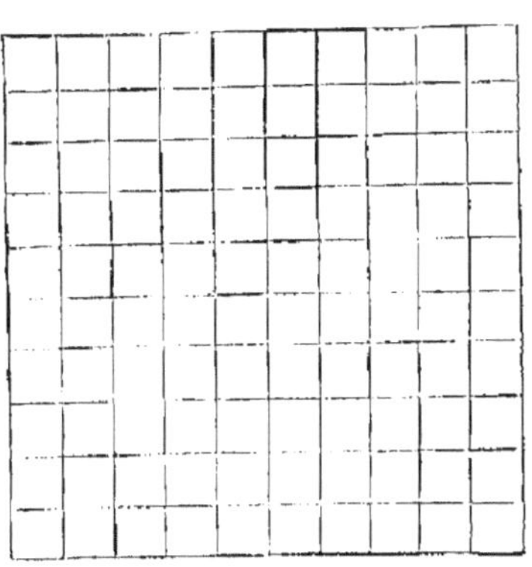

Fig. 31. — Mètre carré divisé en 100 décimètres carrés.

Ainsi, 1 mètre carré, c'est-à-dire un carré dont le côté est de 10 décimètres, vaut 100 décimètres carrés.

De même, un décimètre carré, c'est-à-dire un carré dont le côté est de 10 centimètres, vaut $10 \times 10 = 100$ centimètres carrés. Et ainsi de suite.

Mesurer une surface, c'est chercher combien elle contient de mètres carrés, de décimètres carrés, de centimètres carrés, de millimètres carrés.

DIXIÈME LEÇON.

MESURE DE LA SURFACE DU RECTANGLE.

J'ai là tout un jeu de dominos que j'ai coupés en deux. Chacune des moitiés est un carré ayant juste un centimètre de côté; c'est, par conséquent un centimètre carré.

Je place quatre de ces petits carrés au bout l'un de l'autre (fig. 32). J'ai ainsi formé un rectangle composé

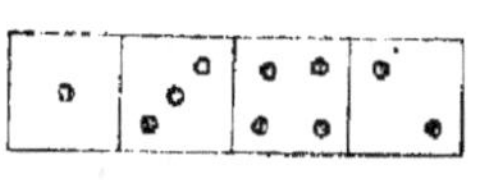

Fig. 32.

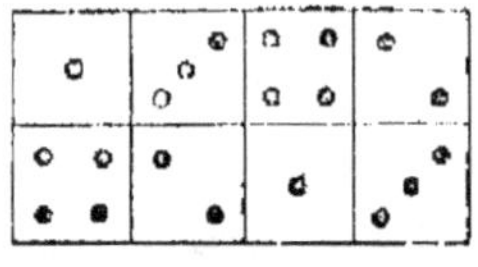

Fig. 33.

de 4 centimètres carrés, ayant pour surface 4 centimètres carrés (ce qu'on exprime par 4^{cq}, parce qu'autrefois on écrivait *quarré*).

Au-dessous de ma première rangée, j'en place une deuxième de 4 nouveaux demi-dominos. Ceci est encore

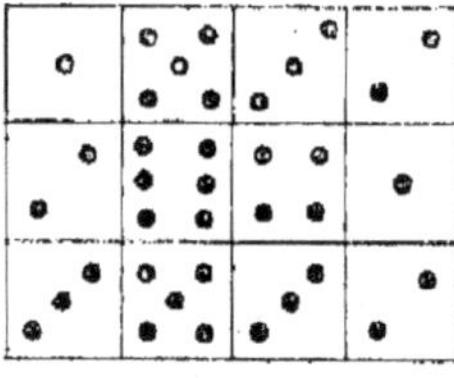

Fig. 34.

un rectangle (fig. 33), ayant évidemment comme surface 2 fois 4^{cq}, soit 8^{cq}. Semblablement, voici (fig. 34) un troisième rectangle fait de 3 rangées de chacune 4 centimètres carrés; donc sa surface est de $3 \times 4 = 12^{cq}$.

Vous voyez que, d'une manière générale, pour mesurer la surface du rectangle, j'ai compté les centimètres que contenaient ses deux côtés, et j'ai multiplié l'un par l'autre les deux nombres trouvés.

Cherchons, comme application, la surface de cette feuille de papier. Son grand côté mesure 16^{c}; son petit côté mesure 12^{c}. Donc la surface sera $16 \times 12 = 192$ centimètres carrés.

Je vais maintenant compliquer un peu plus les choses. Car c'est une grande chance que notre feuille de papier ait juste sur chaque côté un nombre rond de centimètres.

Je reprends mon rectangle de 12^{cq}, de 12 demi-dominos. J'y ajoute 3 morceaux obtenus en sciant en deux parties égales des demi-dominos : ces morceaux ont évidemment chacun un demi-centimètre carré de surface (fig. 35). La surface totale du rectangle nouveau sera donc de 12^{cq}, + 1^{cq}, 1/2 = 13^{cq} plus un demi-centimètre carré. Or, je vous ai dit que 1 centimètre carré vaut 100 millimètres car-

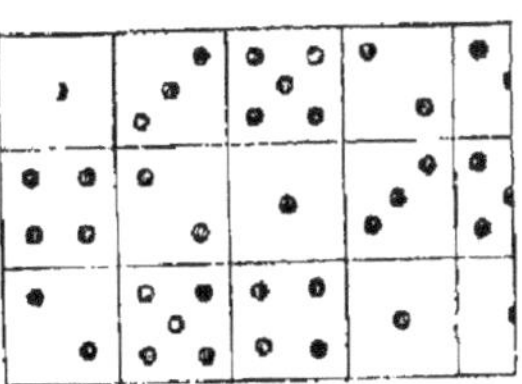

Fig. 35.

rés. Donc, un demi-centimètre carré vaut 50 milli-mètres carrés. Donc la surface de notre rectangle est 1300^{mmq}, + 50^{mmq}, = 1350^{mmq}.

D'autre part, vous voyez que la longueur du rectan-gle est 4^c, + 1/2^c, c'est-à-dire 40^{mm}, + 5^{mm}, = 45^{mm}. Sa hauteur, qui n'a pas changé, est de 3^c, qui font 30^{mm}. Or, si je multiplie cette longueur par cette hauteur, j'ai 45 × 30 = 1350, c'est-à-dire juste le nombre que j'ai trouvé tout à l'heure.

Ainsi, c'est donc bien une règle générale qu'*on obtient la surface d'un rectangle en multipliant l'un par l'autre les deux nombres qui expriment la longueur du grand et du petit côté.*

Mais il faut, bien entendu, prendre des unités de même espèce, et ne pas multiplier des centimètres par des millimètres.

Application. — 1° Voici une autre feuille de papier. Sa longueur est de 18^c,4, c'est-à-dire 184 millimètres, sa longueur 13 centimètres, c'est-à-dire 130 milli-mètres. Sa surface sera donc 184 × 130 = 23920^{mmq}.

Mais nous savons que 100^{mmq} valent 1^{cq}, et que 100^{cq} valent 1^{dq}. Nous pouvons donc dire que la surface de notre feuille de papier est 2^{dq} 39^{cq} 20^{mmq}.

2° Mesurer la surface du tableau noir. Sa longueur

est de $1^m,35$, soit 135 centimètres ; sa hauteur est de $0^m,95$, soit 95 centimètres. Sa surface sera donc $135 \times 95 = 12825^{cq}$, en d'autres termes $1^{mq} 28^{dq} 25^{cq}$.

MESURE DE LA SURFACE DU CARRÉ.

Je reprends mon rectangle à 3 rangées de 4 demi-dominos. J'y ajoute une quatrième rangée semblable (fig. 36). Il est bien évident que j'ai ainsi formé un carré, puisque les quatre côtés sont égaux.

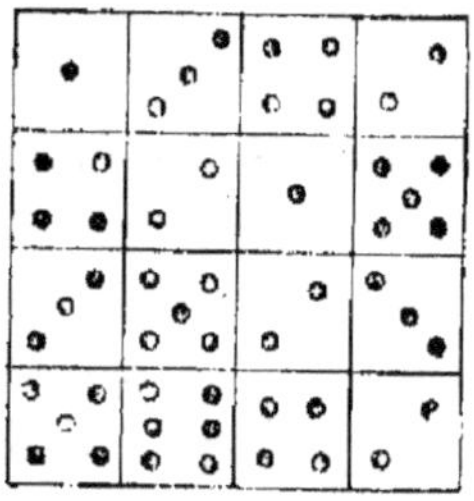

La surface de ce rectangle carré se mesurera comme celle d'un rectangle ordinaire, en multipliant la hauteur par la longueur. Mais ici, hauteur et longueur sont égales ; c'est donc 4×4 (ou comme on

Fig. 36.

écrit souvent, 4^2), soit 16 centimètres carrés.

Ainsi, *la surface d'un carré s'obtient en multipliant par lui-même le nombre qui exprime la longueur de l'un de ses côtés.*

Nous avons déjà rencontré une application de cette règle à propos de la division du mètre carré en 100 décimètres carrés, du décimètre carré en 100 centimètres carrés, etc.

Vous voyez, pour le dire en passant, qu'il ne faut pas confondre, comme le font quelquefois des gens qui ne réfléchissent pas assez, un décimètre carré avec un dixième de mètre carré. Un dixième de mètre carré vaut dix décimètres carrés. En d'autres termes, $1^{mq},1 = 1^{mq} + 10^{dq}$.

ONZIÈME LEÇON

LE PARALLÉLOGRAMME.

Nous allons apprendre à mesurer maintenant la surface d'une autre figure à quatre côtés ; et cette mesure sera très intéressante, parce qu'elle va nous mettre en mains le moyen de mesurer toutes les surfaces, quelles qu'elles soient.

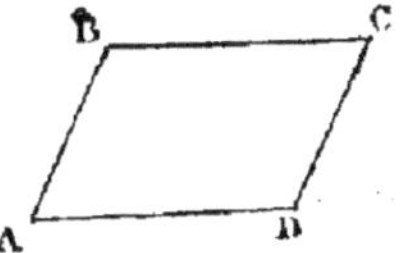

Fig. 37. — Le parallélo-
gramme.

On appelle cette figure (fig. 37), que vous voyez ici dessinée sur une grande feuille de papier, un PARALLÉLOGRAMME. Ce mot veut dire « dessin à côtés *parallèles.* »

On dit que deux lignes sont parallèles, quand elles se tiennent toujours à la même distance l'une de l'autre ; ce qui montre qu'elle ne se rencontreraient jamais, si loin qu'on les prolongeât.

Or, AB et CD sont parallèles entre elles ; et il en est de même pour AD et BC.

Vous comprenez bien que, puisque AD et BC sont parallèles, les lignes AB et CD qui mesurent toutes deux la distance de ces deux parallèles sont égales entre elles. Il en est de même de AD et de BC.

Ainsi, *dans le parallélogramme, les côtés sont deux à deux parallèles et égaux.*

DOUZIÈME LEÇON

MESURE DE LA SURFACE DU PARALLÉLOGRAMME.

Maintenant que nous savons bien ce que c'est qu'un parallélogramme, arrivons à mesurer la surface de celui-ci (fig. 38, ABCD) qui nous attend sur sa feuille de papier.

Plions la feuille suivant la ligne CD, en D et en C. Nous obtenons deux plis qui sont, nous le savons, deux

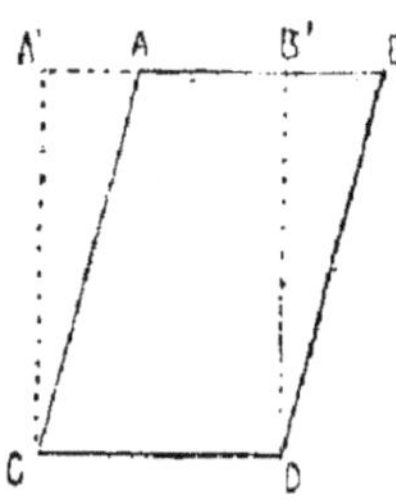

Fig. 38. — Mesure de la surface du parallélogramme.

perpendiculaires à la ligne CD, c'est-à-dire deux lignes faisant de chaque côté avec celle-ci des angles égaux, des angles droits.

Ces deux plis rencontrent la ligne AB prolongée en deux points A′ et B′. Ils forment ainsi un rectangle A′B′CD. La surface de ce rectangle se mesure en multipliant le côté CD par le côté A′C : nous savons cela.

Eh bien, je dis que le parallélogramme ABCD a la même surface que le rectangle A′B′CD. Connaissant cette dernière, nous connaîtrons ainsi la surface du parallélogramme.

Rien de plus simple à démontrer. D'abord, ces deux figures ont une partie commune, AB′CD. Le rectangle est cette partie commune, plus le triangle A′AC; le parallélogramme est cette partie commune, plus le triangle B′BD. Si donc les surfaces de ces deux triangles sont égales, il est bien évident que celles du rectangle et du parallélogramme le seront aussi.

Découpons avec des ciseaux le triangle B′BD, appliquons une règle sur la ligne A′B, et faisons glisser le triangle le long de la règle, jusqu'à ce que le point D soit arrivé en C. Bien évidemment, le point B sera, au même instant, arrivé en A, puisque BD et AC n'auront pas cessé d'être parallèles jusqu'à ce qu'elles se confondent. Et de même pour le point B′ qui sera arrivé en A′, les deux lignes A′C et B′D étant elles aussi restées parallèles.

Donc ces deux triangles s'appliquent l'un sur l'autre :

donc leurs surfaces sont bien égales, et par suite celles
du rectangle et du parallélogramme le sont aussi.

La surface du parallélogramme ABCD se calculera
donc en multipliant la longueur CD par la longueur A'C.

On appelle *hauteur* cette ligne A'C, qui est perpendiculaire à l'un des côtés CD du parallélogramme. Et ce
côté CD s'appelle alors la *base*.

On dit donc que la surface d'un parallélogramme
s'obtient en multipliant la longueur d'un des côtés pris

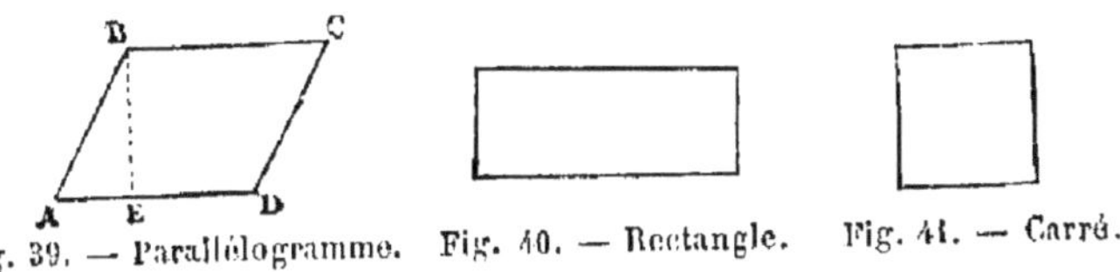

Fig. 39. — Parallélogramme.   Fig. 40. — Rectangle.   Fig. 41. — Carré.

pour base par la longueur de la perpendiculaire élevée
sur ce côté, qui est alors la hauteur.

Ou, plus brièvement: *la surface d'un parallélogramme
est le produit de la base par la hauteur*. C'est ce qu'on
écrit :

$$S \text{ (surface)} = B \text{ (base)} \times H \text{ (hauteur)}.$$

Remarquez que c'est la même chose pour le rectangle (fig. 40). Seulement, ici, l'un des côtés étant pris
pour base, l'autre devient la hau-
teur.

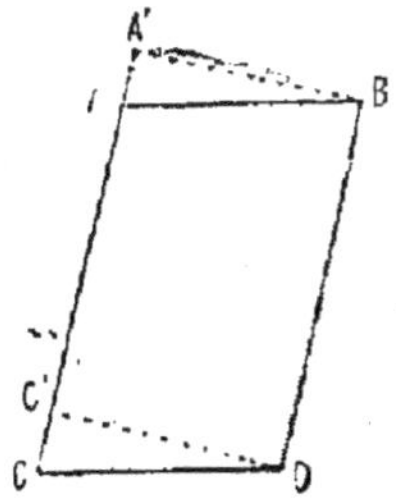

De même pour le carré (fig. 41);
mais la hauteur est égale à la base.

Nous connaissons maintenant la
manière de mesurer la surface d'un
parallélogramme. Mais avant de passer à ses conséquences, il faut que
je vous fasse une observation, sans

Fig. 42.

laquelle il pourrait vous rester quelque idée fausse.

J'ai pris pour *base* le côté CD de mon parallélogramme,

parce que cela m'était plus commode pour le dessin. Mais j'aurais tout aussi bien pu prendre le côté DB (fig. 42). Dans ce cas, la hauteur eût été A'B, et j'aurais fait la même démonstration pour prouver que le rectangle C'A'DB a la même surface que le parallélogramme CADB. La mesure de celui-ci serait donc encore le produit de la base DB par la hauteur A'B.

TREIZIÈME LEÇON

MESURE DE LA SURFACE D'UN TRIANGLE.

Reprenons notre parallélogamme ABCD (fig. 43), et joignons par une droite les deux points AD. Nous avons ainsi deux triangles ADC et ADB dont la surface totale n'est autre que la surface du parallélogramme.

Ces deux triangles ont leurs trois côtés égaux deux à deux. En effet, AB est égal à CD ; AC est égal à BD ; AD est commun aux deux triangles. Je dis que ces deux triangles sont égaux, qu'ils ont des surfaces égales.

Pour le prouver, découpons ces deux triangles et séparons-les suivant la ligne AD. Je les représente par ACD et A'BD' (fig. 44). Appliquons-les l'un sur l'autre, en plaçant le côté A'B sur le côté CD (fig. 45). Le point B étant placé sur le point C, A' se placera sur D, puisque A'B = CD. Il faudra bien alors que D' tombe juste sur A ; car pour qu'il tombât soit à droite, soit à gauche, il faudrait que le troisième côté A'D' fût soit plus court soit plus long que AD, et cela n'est certainement pas, puisque AD et A'D' ne faisaient qu'une seule ligne dans la figure primitive.

Ainsi les triangles ACD et ABD ont la même surface. Donc la surface de chacun de ces deux triangles est égale à la moitié de celle du parallélogramme ABCD.

Or, avec un triangle quelconque ACD, on peut toujours faire un parallélogramme ; il suffit de mener par les deux extrémités d'un côté A et D, par exemple, des parallèles aux deux autres côtés.

La surface de ce parallélogramme ayant pour mesure

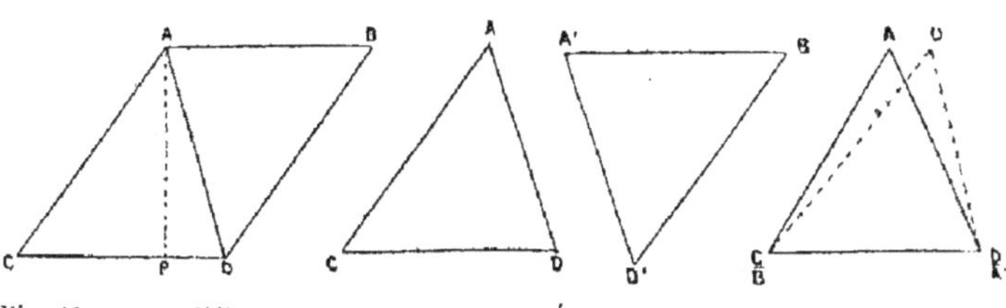

Fig. 43. — Parallélogramme divisé en deux triangles.   Fig. 44. — Égalité de ces deux triangles.   Fig. 45.

le produit de l'un de ses côtés, CD, par exemple, par la hauteur correspondante AP (fig. 43), la surface du triangle a pour mesure la moitié de ce produit.

De là cette règle : *la surface d'un triangle a pour mesure la moitié du produit de sa base par sa hauteur*, ce qu'on exprime par S (surface) $= \dfrac{B\ (\text{base}) \times H\ (\text{hauteur})}{2}$.

QUATORZIÈME LEÇON

MESURE D'UNE SURFACE QUELCONQUE.

Connaissant la manière de mesurer la surface d'un triangle, nous pouvons mesurer toutes les surfaces terminées par des lignes droites, les plus irrégulières possibles.

J'en trace une au hasard au tableau (fig. 46). Rien de plus irrégulier. Eh bien ! je prends un point quelconque O dans l'intérieur de cette surface, et je joins ce point à tous les sommets A,B,C, etc. J'ai ainsi une série de triangle ABO, BCO, CDO, etc. Il me suffira de mesurer la surface de chacun d'eux, et la somme de toutes ces surfaces donnera évidemment la valeur de la surface totale. C'est une affaire de patience, voilà tout.

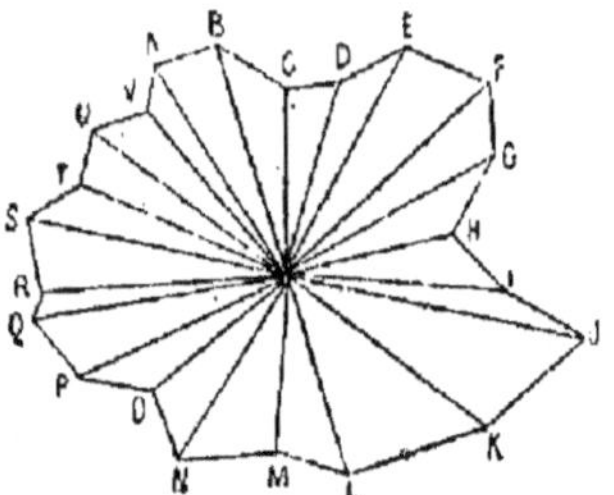

Fig. 46. — Surface irrégulière.

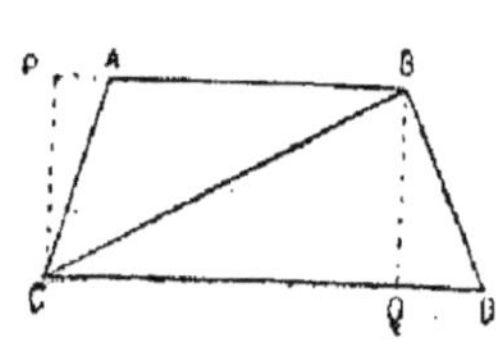

Fig. 47. — Trapèze.

Parmi les surfaces plus compliquées que le triangle, il en est une dont je dois vous dire un mot, parce que la mesure de sa surface sert beaucoup dans la pratique : c'est le TRAPÈZE.

Le trapèze est une figure à quatre côtés, dont deux sont parallèles, les deux autres non. Ainsi ABCD (fig. 47).

Il est clair qu'une pareille figure peut être divisée en deux triangles par une ligne *diagonale* CB, et la surface du trapèze sera la somme des surfaces des deux triangles.

Or, le triangle ACB a pour mesure la base AB multipliée par la moitié de la hauteur CP, ce qu'on exprime par $AB \times \dfrac{CP}{2}$; le triangle CBD a de même pour mesure $CD \times \dfrac{BQ}{2}$. Mais CP = BQ, puisque les deux lignes AB sont parallèles, et par conséquent à la même distance l'une de l'autre. La surface du triangle CBD peut donc s'écrire $CD \times \dfrac{CP}{2}$.

Donc la surface du trapèze qui n'est que la somme

des surfaces des deux triangles sera donnée par l'addition $AB \times \dfrac{CP}{2} + CD \times \dfrac{CP}{2}$, c'est-à-dire $(AB + CD) \times \dfrac{CP}{2}$.

En d'autres termes, *la surface du trapèze se mesure en multipliant la somme des bases par la moitié de la hauteur.*

C'est ce qu'on exprime par la formule :

$$S \text{ (surface)} = \left(B \text{ (grande base)} + \frac{b}{2} \text{ (petite base)} \right) \times H \text{ (hauteur)}.$$

TROISIÈME PARTIE

MESURE DES VOLUMES LIMITÉS PAR DES SURFACES PLANES ET DES LIGNES DROITES.

QUINZIÈME LEÇON

LE CUBE.

Regardez ce dé à jouer (fig. 48); il a six *faces*, et vous pouvez vous assurer que chacune de ces faces est un carré, c'est-à-dire a ses quatre côtés égaux et ses quatre angles droits. On appelle un pareil volume, un CUBE.

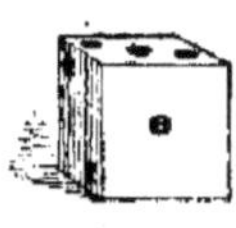

Fig. 48. — Dé à jouer ; c'est un cube.

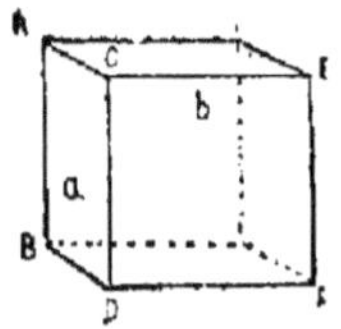

Fig. 49. — Cube.

Examinons ce cube (fig. 49). Les surfaces a et b étant des carrés, la ligne AB, dans le carré a, est égale à la ligne CD, et CD est égale à EF dans le carré b. De même $AC = CD = CE$, etc. En d'autres termes, les deux carrés a et b sont égaux, puisqu'ils ont tous leurs huit côtés (dont un commun aux deux, CD) égaux. Nous verrions de même qu'un troisième carré c est égal à a et à b, et ainsi de suite pour les six carrés.

Ainsi, *un* **cube** *est un volume à six* **faces** *qui sont* *des carrés égaux, et à douze* **arêtes** *qui sont égales.*

On prend comme unité de volume, dans le système métrique, le mètre cube, c'est-à-dire le cube dont les *arêtes* ont chacune un mètre de long.

SEIZIÈME LEÇON

MESURE DU VOLUME DU PARALLÉLIPIPÈDE DROIT.

Je place un dé sur un autre dé (fig. 50). J'ai ainsi un volume dont les deux faces horizontales sont des carrés et les quatre faces verticales des rectangles.

On appelle ce volume un PARALLÉLIPIPÈDE DROIT.

Parallélipipède, parce que ses arêtes sont parallèles, les unes dans une direction, les autres dans une autre.

Droit, parce que toutes ses arêtes font en se rejoignant des angles droits.

Comment mesure-t-on le volume d'un parallélipipède droit, c'est-à-dire comment peut-on connaître la quantité de mètres cubes, de décimètres cubes, de centi-

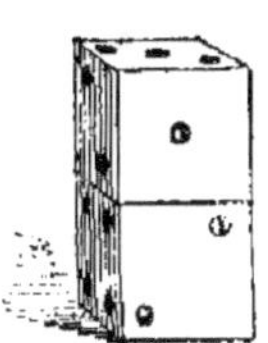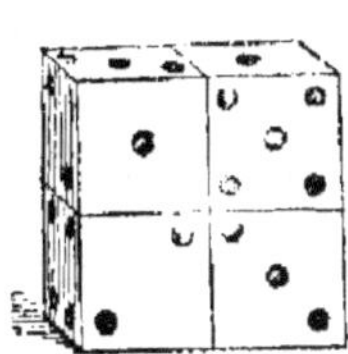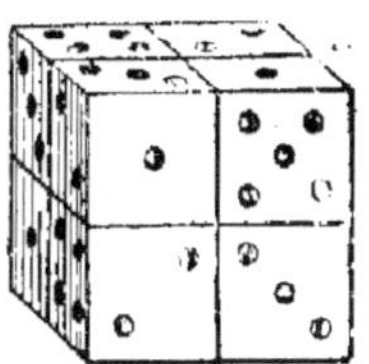

Fig. 50, 51 et 52. — Mesure du parallélipipède droit.

mètres cubes qu'il contient? Nous pouvons mesurer la longueur des arêtes, la surface des faces; comment, avec ces données, déterminer le volume du corps?

Supposons que nos dés — et c'est à peu près la vérité — aient un centimètre de côté : ce serait donc des centimètres cubes. Or, dans le parallélipipède si simple que je viens de construire, il y a deux dés l'un sur l'autre : le volume est donc de 2cc. Si j'en mets 4 (fig. 51) la valeur sera 4ᶜᶜ; si j'en mets 8 (fig. 52), elle sera 8ᶜᶜ, et ainsi de suite ; cela est bien simple.

Regardons cela de près. Dans ma première figure, la hauteur était de 2ᶜ la largeur de 1ᶜ, l'épaisseur de 1ᶜ : $2 \times 1 \times 1 = 2$ ce qui exprime juste le nombre de centimètres cubes que contient mon parallélipipède.

Dans la deuxième, la hauteur était de 2ᶜ, la largeur de 2ᶜ, l'épaisseur de 1ᶜ : $2 \times 2 \times 1 = 4$; et c'était bien là le nombre des centimètres cubes de la figure.

Dans la troisième, la hauteur était de 2ᶜ, la largeur de 2ᶜ, l'épaisseur de 2ᶜ : $2 \times 2 \times 2 = 8$, et c'est encore la mesure de mon volume.

Ainsi, *on obtient le volume du parallélipipède droit en multipliant l'un par l'autre les trois nombres qui expriment les trois dimensions : hauteur, largeur, épaisseur.*

On a donc : Volume $=$ Longueur $\times$ Largeur $\times$ Hauteur. Or, Longueur $\times$ Largeur c'est, je vous l'ai montré, la mesure de la surface de la base du parallélipipède. Le volume de celui-ci est donc mesuré par le produit de sa base par sa hauteur.

On exprime cette mesure par la formule suivante : V (volume) $=$ B (base) $\times$ H (hauteur).

Application. — Mesurons, comme application, le volume de la classe, ou, comme on dit, le cube d'air qu'elle contient. Longueur, 8ᵐ,75 ; largeur, 6ᵐ,85 ; hauteur, 4ᵐ,10. Donc la surface est de $875 \times 685 = 599375$ centimètres carrés.

Et le volume est :

$$599375 \times 410 = 29983750 \text{ centimètres cubes.}$$

Recommençons avec cette pile de bois qu'on m'a amenée dans la cour.

La longueur est de 3ᵐ,35, la hauteur de 1ᵐ,25 et la

longueur ou l'épaisseur de 0^m,75. Par conséquent le volume est de :

$$335 \times 125 \times 75 = 3,140,625 \text{ centimètres cubes.}$$

DIX-SEPTIÈME LEÇON

MESURE DU VOLUME DU CUBE.

Or, un *cube* n'est autre chose qu'un parallélipipède dans lequel les trois dimensions sont égales entre elles. C'était le cas de mes huit dés (fig. 52).

Le volume s'obtient donc en mesurant la longueur d'un des côtés, et en multipliant deux fois par lui-même le chiffre qui l'exprime.

Exemple : voici une boîte en carton qui a la forme d'un cube. Le côté vaut 18^c; par conséquent, le volume sera $18 \times 18 \times 18 = 5832$ centimètres cubes.

Remarquez maintenant qu'un mètre cube a pour côté un mètre qui vaut 10 décimètres. Il vaut donc $10 \times 10 \times 10 = 1000$ décimètres cubes.

De même un décimètre cube, dont le côté vaut 10 centimètres, contient $10 \times 10 \times 10 = 1000^{cc}$.

Et ainsi de suite.

Ainsi encore, un mètre cube valant 1000^{dc} qui valent chacun 1000^{cc}, vaut $1000 \times 1000 = $ un million de centimètres cubes.

En telle sorte que le nombre 3,140,625 que nous avons trouvé pour la mesure de notre pile de bois en centimètres cubes, doit être écrit pour plus de simplicité : 3 mètres cubes 140 décimètres cubes 625 centimètres cubes, ou en abrégé 3^{mc} 140^{dc} 625^{cc}.

De même, le volume de la classe, 29,983,750 centimètres cubes, doit s'écrire 29^{mc} 983^{dc} 750^{cc}.

DIX-HUITIÈME LEÇON

MESURE DU VOLUME DU PRISME DROIT.

Supposons que je coupe un parallélipipède (fig. 53) de l'arête CG à l'arête BF.

J'aurai ainsi deux volumes (fig. 54 et 55) terminés à deux de leurs extrémités par des triangles. On les appelle des PRISMES.

Or, ces deux volumes sont égaux l'un à l'autre, puisqu'ils ont toutes leurs parties égales, AB=CD, EG=FH,

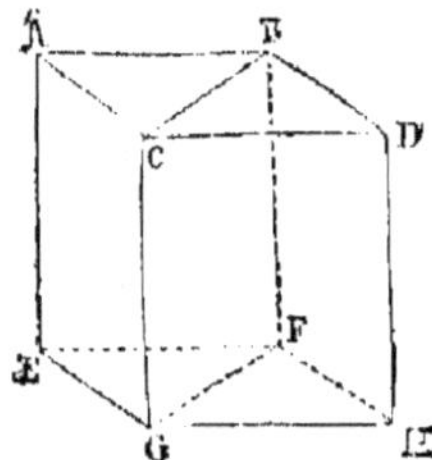 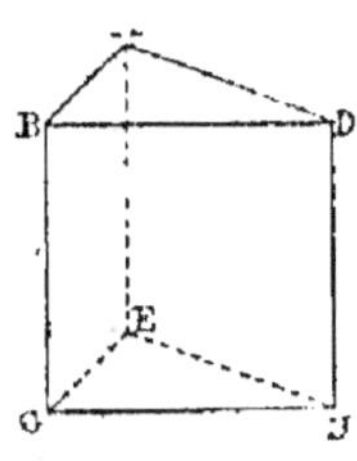 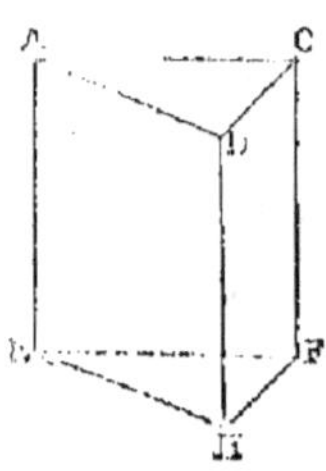

Fig. 53. — Parallélipipède droit divisé en deux prismes droits égaux.　　　Fig. 54.　　　Fig. 55.

BF=CG, BC et GF étant communs. Par conséquent, chacun d'eux est la moitié du parallélipipède.

Or celui-ci avait pour mesure la surface de sa base multipliée par sa hauteur. La hauteur du prisme est la même que celle du parallélipipède, mais la surface de sa base est moitié moindre.

Donc *le volume du prisme est mesuré par la surface de la base triangulaire multipliée par la hauteur.*

DIX-NEUVIÈME LEÇON

MESURE DU VOLUME DES PARALLÉLIPIPÈDES QUELCONQUES.

Nos parallélipipèdes avaient jusqu'ici pour base un

carré ou un rectangle. Mais on peut supposer pour bases des figures bien plus compliquées (fig. 56).

Or, ces volumes auront, comme les autres, pour mesure le produit de la surface de la base par la hauteur.

En effet, si je mène les lignes BE et B'E', je formerai un prisme ABEA'B'E', dont le volume se mesure en multipliant la base ABE par la hauteur AA'. Les lignes BD et B'D' donneront un deuxième prisme BEDB'E'D', ayant pour mesure BDE×BB', et ainsi de suite. Donc *le volume total sera obtenu en multipliant* la somme des triangles, c'est-à-dire *la base, par la hauteur*, qui est partout la même.

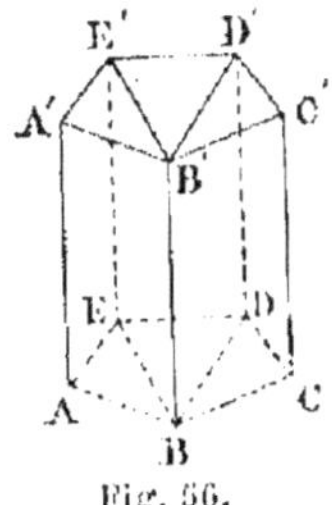

Fig. 56.

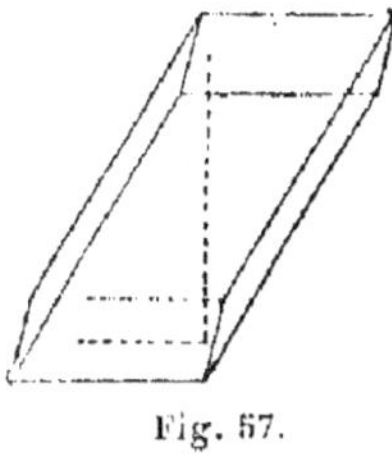
Fig. 57.

Ce que je vous ai dit pour les volumes parallélipipèdes et prismes *droits*, c'est-à-dire dont les arêtes sont perpendiculaires aux bases, comme le fil à plomb est perpendiculaire à la surface de l'eau, est vrai pour les volumes *obliques*. Ils se mesurent encore par le produit de la surface par la hauteur, c'est-à-dire par la plus courte distance de leurs bases (fig. 57). La démonstration de cette vérité serait trop compliquée, mais elle est certaine.

VINGTIÈME LEÇON

MESURE DU VOLUME DE LA PYRAMIDE.

On appelle PYRAMIDE un volume limité par une *base*,

et dont toutes les arêtes se rejoignent en un point appelé *sommet*. Ainsi le volume DEFGH (fig. 58).

Or, on démontre que cette pyramide est le *tiers* du parallélipipède ABCDEFGH (fig. 59), de même base et

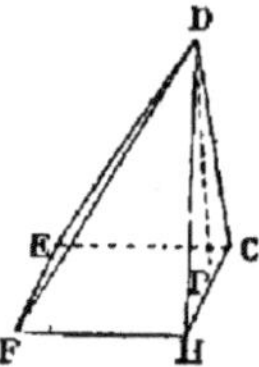

Fig. 58. — Pyramide.

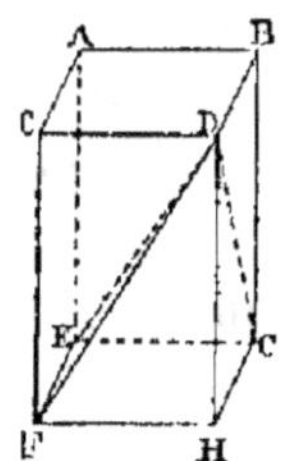

Fig. 59. — La pyramide est le tiers du parallélipipède.

de même hauteur. La hauteur est la perpendiculaire DP abaissée du sommet sur la base.

Cela est vrai de toutes les pyramides, qu'elles soient *droites* ou *obliques*.

En résumé, *le volume d'un parallélipipède ou d'un prisme s'obtient en multipliant la base par la hauteur. Et le volume d'une pyramide s'obtient en prenant le tiers du produit de la base par la hauteur.*

Or, tous les volumes terminés par des lignes droites et des surfaces planes peuvent toujours être décomposés en parallélipipèdes, prismes et pyramides.

Donc, quand on connaît la manière de mesurer ces trois espèces de volumes, on peut mesurer un volume quelconque, pourvu qu'il soit terminé par des lignes droites et des surfaces planes. C'est quelquefois long et difficile, mais on peut toujours en venir à bout.

QUATRIÈME PARTIE

MESURE DES LONGUEURS SUR LES LIGNES COURBES.

VINGT ET UNIÈME LEÇON

PRINCIPE DE LA MESURE DES LONGUEURS COURBES.

Je trace sur le tableau noir une LIGNE COURBE tout à fait sinueuse ; je ne puis évidemment mesurer sa longueur en y appliquant mon mètre. Comment faire ?

Un premier moyen, très simple et très exact, consiste à suivre avec une ficelle dont un des bouts est fixé à A (fig. 60), tous les circuits de ma courbe, jusqu'à D. En redressant alors la ficelle, j'ai une droite qui donne évidemment la longueur AD.

Fig. 60. — Mesure de la longueur d'une ligne courbe.

Mais c'est là un procédé qu'on ne peut toujours employer. Alors dans la pratique, on considère la ligne courbe comme formée de petites lignes droites AB, BC, CD, etc., très courtes, qui touchent la courbe, soit par leurs deux extrémités (on les appelle alors des CORDES, fig. 62).

soit sur un seul point (on les appelle des TANGENTES fig. 61). On mesure alors chacune de ces lignes, et leur somme donne à peu près la longueur de la courbe.

Fig. 61.   Fig. 62.

Il est évident que plus ces droites sont courtes et nombreuses, plus elles se rapprochent de la courbe, et plus leur somme donne une longueur voisine de la longueur cherchée.

VINGT-DEUXIEME LEÇON

MESURE DE LA LONGUEUR DE LA CIRCONFÉRENCE DU CERCLE.

La courbe que je viens de tracer à la page précédente est tout à fait irrégulière. Il en est, au contraire, de parfaitement régulières, et dont on peut trouver la longueur sans avoir besoin d'employer les procédés que je viens de vous indiquer. On ne les mesure plus avec des instruments, on les calcule.

La plus simple de ces courbes est la CIRCONFÉRENCE *du cercle*.

Je prends un bout de ficelle ; j'en fixe une des extrémités en O (fig. 63), et avec l'autre qui porte un morceau de craie, je trace au tableau noir, la ficelle tendue, une ligne courbe.

J'ai ainsi dessiné un *rond*. On appelle CERCLE la surface de ce rond, CIRCONFÉRENCE la ligne qui l'entoure, CENTRE le point fixe O, RAYON la longueur de la ficelle, DIAMÈTRE le double de cette ficelle.

Vous voyez qu'*une circonférence est une ligne dont tous les points sont à égale distance du point central.*

Or, quand on connaît la longueur du rayon d'une circonférence, on peut en déduire immédiatement la longueur de celle-ci.

Je reprends mon bout de ficelle, mon rayon, et j'essaye de mesurer avec lui la longueur de la circonférence en lui faisant suivre son contour. Vous voyez qu'il y est contenu six fois, et qu'il reste un peu de circonférence.

Fig. 63. — Tracé d'une circonférence de cercle.

Il en serait de même pour toutes les circonférences de cercle, quels qu'en soient les rayons. Chez toutes la longueur est un peu supérieure à six fois celle du rayon, ou en d'autres termes à trois fois celle du diamètre. Les géomètres ont démontré par des raisonnements longs et compliqués, et qu'il me serait bien difficile de vous faire comprendre cette année, que la longueur d'une circonférence est égale à celle de son diamètre multipliée par le nombre 3,1415926.....

On a l'habitude de désigner ce nombre par la lettre grecque π (pi).

On peut donc écrire : circonférence $= \pi \times$ le diamètre, c'est-à-dire $\pi \times$ deux fois le rayon,

ou en abrégé $\qquad C = \pi \times 2R,$

ce qu'on écrit d'ordinaire $C = 2\pi R.$

Pour abréger, on prend ordinairement pour π le nombre 3,14. Et même pour calculer vite, on dit quel-

Fig. 64.

quefois : la longueur de la circonférence est trois fois celle du diamètre; ou inversement, la longueur du diamètre est le tiers de celle de la circonférence. Mais cela n'est pas une mesure bien exacte.

Mesurons, pour prendre un exemple, la longueur de la circonférence que j'ai tracée au tableau noir. La ficelle qui a servi de rayon mesure 37^c. La circonférence doit donc avoir $2 \times 37^c \times 3,14 = 232^c,36.$

Sortons dans la cour; la margelle de notre puits est un cercle, je l'entoure d'une ficelle qui me donne $3^m,77$. J'en conclus que le diamètre de la margelle est

$$\frac{3^m,77}{3,14} = 1^m,20.$$

VINGT-TROISIÈME LEÇON

DIMENSIONS DIVERSES DES ANGLES.

Maintenant je vais vous parler d'une autre espèce de mesure, qui n'est celle ni d'une longueur ni d'une surface ni d'un volume.

Je veux parler de la mesure de l'ouverture d'un ANGLE.

Il est bien clair qu'il y a des angles plus ou moins

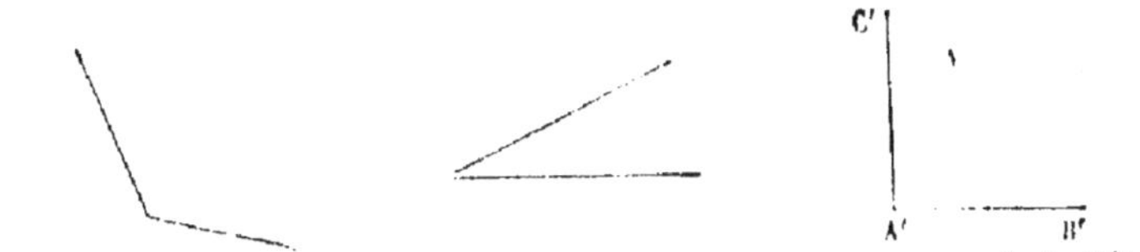

Fig. 65 — Angle obtus (C).   Fig. 66. — Angle aigu (B).   Fig. 67. — Angle droit (A)

grands, c'est-à-dire dont les lignes sont plus ou moins écartées, dont l'ouverture est plus ou moins béante.

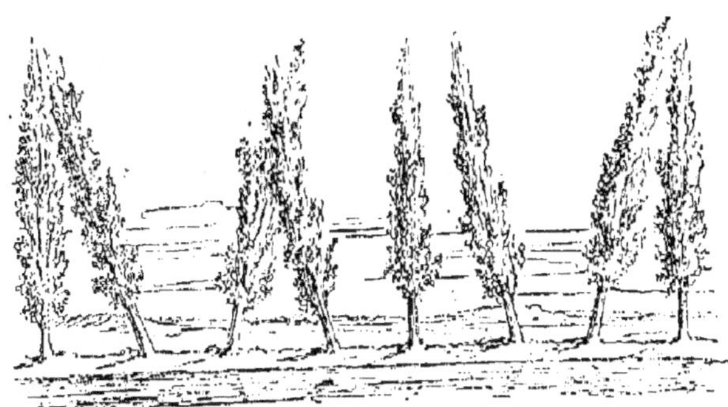

Fig. 68. — Les peupliers font des angles plus ou moins ouverts avec la surface du sol.

L'angle A (fig. 67) est plus grand que l'angle B (fig. 66) et plus petit que l'angle C (fig. 65).

Regardez les peupliers le long de la rivière (fig. 68). Il y en a, et c'est le plus grand nombre, qui sont tout

3.

droits, bien verticaux. D'autres ont été plus ou moins inclinés par le vent, et font alors avec la surface du sol des angles plus ou moins ouverts.

Fig. 69. — La route fait un certain angle avec l'horizontale.

Regardez la route qui grimpe la colline (fig. 69); elle n'est point horizontale, cela est évident, elle n'est pas

Fig. 70. — Le toit de l'église et celui de l'école.

Fig. 71. — Angles droits.

verticale non plus. Elle fait avec l'horizontale un certain angle.

Regardez enfin le toit de l'école et celui de l'église (fig. 70). Ce dernier est beaucoup plus incliné que le premier, sa pente est bien plus rapide, l'angle qu'il fait avec l'horizon est plus grand.

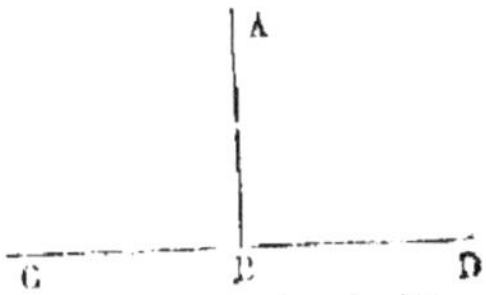

Vous comprenez bien qu'il est indispensable d'avoir une mesure de l'ouverture de ces divers angles, de manière à pouvoir les déterminer avec précision.

Fig. 72. — Angles droits.

Nous connaissons déjà un certain angle, l'ANGLE DROIT (fig. 71). C'est, vous vous le rappelez, celui que fait une droite qui en rencontre une autre (fig. 72) sous la condition que des deux côtés de la ligne AB les angles soient égaux.

Un angle (B, fig. 66) plus petit que l'angle droit (A, fig. 67) s'appelle ANGLE AIGU ; un angle plus grand (C, fig. 65), s'appelle un ANGLE OBTUS.

Voilà déjà des mots qui donnent des indications sur la valeur des angles. Mais cela ne suffit pas, et il faut plus de précision.

VINGT-QUATRIÈME LEÇON

MESURE DES ANGLES ET DES ARCS.

Traçons un cercle (fig. 73), et coupons-le par deux diamètres AB et CD perpendiculaires l'un sur l'autre. La circonférence est ainsi partagée en quatre parties égales, AC, CB, BD, DA, ou, comme on dit en géométrie, en quatre ARCS égaux.

On a imaginé de diviser la circonférence en 360 parties égales, qu'on appelle des DEGRÉS. Donc chacun de nos quatre arcs comprend $\dfrac{360}{4} = 90$ divisions ou degrés.

On dit alors que chacun des quatre angles vaut 90 de-

grés (on écrit 90°). Or, ces angles sont des angles droits :
un angle droit vaut donc 90°. Le demi-angle droit (MOA),
vaudra donc 45°, l'angle aigu (POA), que je trace au hasard, vaudra par exemple 18° ; l'angle aigu (QOA), vaudra
78°. L'angle obtus (ROA) vaudra 105° ; et ainsi de suite.

Donc la valeur des angles varie entre 0° (quand la
ligne d'ouverture se confond avec la ligne fixe OA) et
180° (quand la ligne d'ouverture vient s'appliquer sur
BO, prolongation de OA).

Vous voyez que vous pouvez ainsi désigner avec la
plus grande précision la valeur, c'est-à-dire l'ouverture
d'un angle quelconque.

La connaissance de la valeur des angles nous permet
de mesurer la longueur des arcs.

Ainsi, je trace un arc AB (fig. 74) avec un rayon de 24ᶜ ;
et avec un instrument dont je vous parlerai plus tard, je
vois que l'angle AOB vaut 60°. 60 est le sixième de 360 :
l'arc AB vaudra donc le sixième de la circonférence. Or
la circonférence vaudrait $2\pi \times 24^c = 2 \times 3,14 \times 24^c =$
150ᶜ,72. Donc la longueur de l'arc AB est $\dfrac{150,72}{6} = 25^c, 12$.

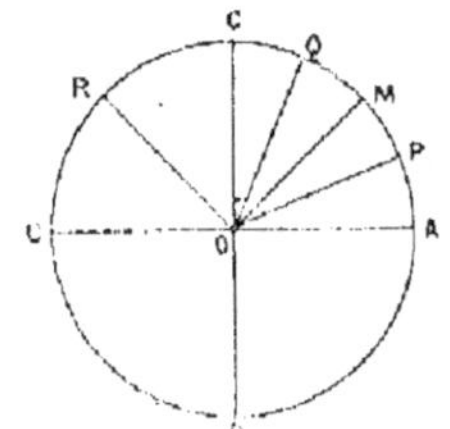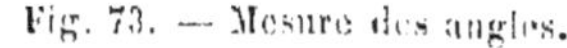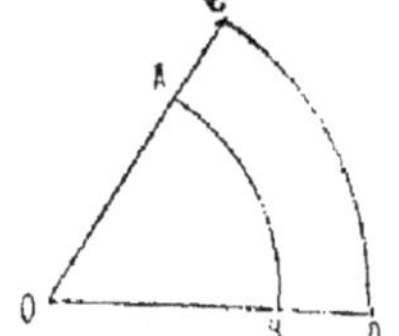

Fig. 73. — Mesure des angles.   Fig. 74. — Mesure des arcs.

Si avec un rayon de 30ᶜ je trace l'arc CD, compris
entre les mêmes lignes, et ayant par conséquent lui
aussi 60°, CD sera le sixième d'une circonférence de 30ᶜ de
rayon, c'est-à-dire que CD $= \dfrac{2 \times 3,14 \times 30^c}{6} = 31^c, 4$.

CINQUIÈME PARTIE

MESURE DES SURFACES PLANES TERMINÉES PAR DES LIGNES COURBES.

VINGT-CINQUIÈME LEÇON

MESURE DE LA SURFACE DU CERCLE.

Pour mesurer les surfaces planes terminées par des lignes courbes, je commencerai par le cas le plus simple, celui du cercle.

Voici un cercle et son centre O (fig. 75).

Supposons que je remplace la courbe par une innombrable quantité de petites lignes droites (AC, CD, DE, etc.), de petites *cordes*, et que je rejoigne toutes les extrémités de ces cordes au centre par des rayons.

Il est évident qu'alors la surface du cercle sera égale à la somme des surfaces de tous les petits triangles ainsi formés. Il y manque bien quelque chose, c'est-à-dire la petite surface comprise entre la corde et l'arc; mais si nous supposons nos cordes très, très courtes, ces surfaces ne seront presque rien.

Quelle sera la valeur de la surface de chaque triangle? Nous le savons, c'est la moitié du produit de la hauteur par la base. La base, c'est la petite corde, qui se confond à peu près avec l'arc, quand elle est tout à fait petite. La hauteur, c'est une ligne commune OP, qui se

confond avec le rayon, quand la corde AC devient tout
à fait petite et se confond avec l'arc.

Ainsi la surface de chaque minuscule triangle sera la
moitié du produit de sa corde mul-
tiplié par le rayon.

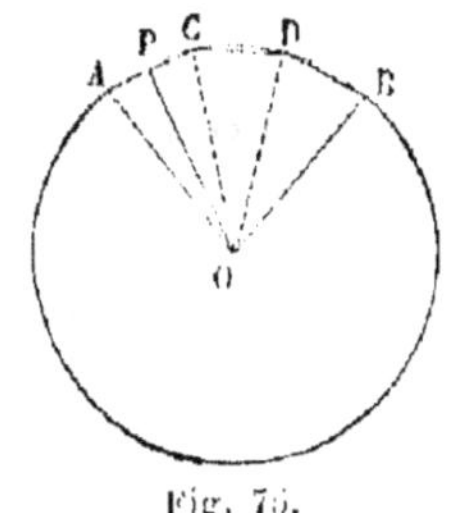

Fig. 75.

Donc la surface du cercle, qui est
la somme de tous ces petits triangles, bien évidemment, sera le
demi-produit de la somme de toutes
les cordes, multipliée par le rayon.

Or, la somme de toutes les cordes,
c'est la circonférence. Donc la sur-
face du cercle est mesurée par le demi-produit de la
circonférence multipliée par le rayon.

La circonférence est $2\pi R$. Le cercle sera donc
$$\frac{2\pi R \times R}{2} = \pi R \times R,$$ ce qu'on écrit πR^2.

Application. — Mesurons la surface de la margelle du
puits. Nous avons vu (page 44) que son diamètre est
$1^m,20$; le rayon R est donc 60 centimètres. Par conséquent, la surface est $60 \times 60 \times 3,14 = 11304^{cq}$. Or, un
décimètre carré vaut $10 \times 10 = 100^{cq}$; un mètre carré
vaut $10 \times 10 = 100^{dq}$, c'est-à-dire $100 \times 100 = 10000^{cq}$.

Par conséquent, la surface de la margelle du puits
est de 1 mètre carré 13 décimètres carrés 4 centimètres carrés, ou en abrégé : $1^{mq}13^{dq}4^{cq}$.

VINGT-SIXIÈME LEÇON

MESURE D'UNE SURFACE QUELCONQUE.

Supposons maintenant une figure quelconque terminée par une ligne courbe (fig. 76), comme on en trouve
dans la nature, quand on arpente un terrain limité

par une rivière ou un chemin tortueux. Nous emploierons pour la mesurer un artifice analogue.

Traçons dans l'intérieur de la figure une ligne quelconque AF; puis remplaçons notre courbe par une infinité de petites droites, AB, BC, CD, DE, etc. Enfin, abaissons de tous les points B, C, D, E, F,... des perpendiculaires sur la ligne AF.

Il est clair que la surface de toute la partie de notre figure sera ainsi décomposée en une quantité de petits trapèzes BC*bc*, CD*cd*, etc.

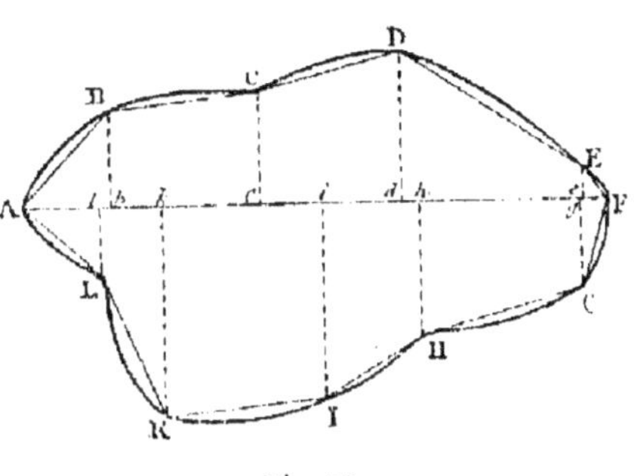

Fig. 76.

Or, la mesure de chacun d'eux est la demi-somme des bases multipliée par la hauteur. Ainsi la surface de BC*bc* sera $\dfrac{\mathrm{B}b + \mathrm{C}c}{2} \times bc$; celle de CD*cd* sera $\dfrac{\mathrm{C}c + \mathrm{D}d}{2} \times cd$, etc.

Donc en mesurant tous ces trapèzes, en additionnant les surfaces obtenues et en y ajoutant la surface des quatre petits triangles extrêmes AB*b*, AL*l*, FE*e*, FG*g*, on obtient la valeur de la surface, si compliquée qu'elle soit. C'est une affaire de patience, et il faut savoir en mettre en toutes choses.

SIXIÈME PARTIE

MESURE DES VOLUMES TERMINÉS PAR DES SURFACES PLANES
ET DES SURFACES COURBES.

VINGT-SEPTIÈME LEÇON

LE CYLINDRE.

Voici un morceau de tuyau de poêle (fig. 77) dont j'ai
bouché les deux extrémités avec une feuille de carton ; il

 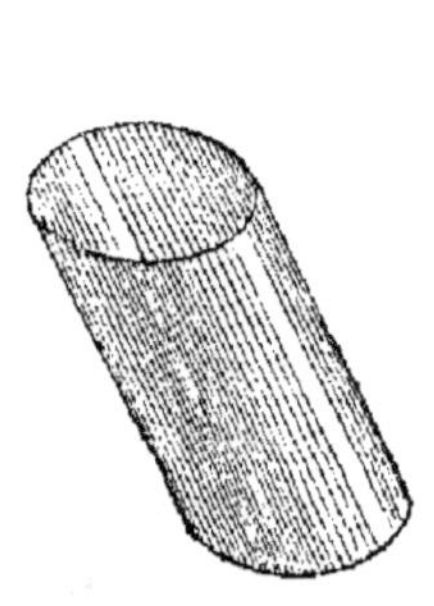 

Fig. 77. — Cylindre droit à base circulaire. Fig. 78. — Cylindre oblique à base non circulaire. ig. 79. — Cylindre à base quelconque.

est aussi gros à un bout qu'à l'autre, ce qui revient à dire
que les deux feuilles de carton, qui sont ici deux cercles, ont la même surface. Je puis tracer tout autour,
sur la surface courbe, des lignes droites, et ces lignes

seront de même longueur, parallèles à elles-mêmes et perpendiculaires aux deux feuilles de carton. Un pareil volume est ce qu'on appelle un CYLINDRE.

Celui-ci est le plus régulier des cylindres. On le désigne sous le nom de *cylindre* DROIT *à base* CIRCULAIRE

Autre morceau de tuyau de poêle (fig. 78). Celui-ci, je l'ai coupé obliquement, mais de manière que les deux surfaces de carton qui le ferment soient parallèles. C'est un cylindre OBLIQUE *à base* NON CIRCULAIRE.

Enfin troisième morceau de tuyau de poêle (fig. 79). Je l'ai non seulement coupé obliquement, mais je l'ai écrasé, de manière que les deux feuilles de carton ne soient plus des cercles, mais des figures quelconques, bien que toujours égales.

C'est là le CYLINDRE d'une manière générale, sans qualificatif, c'est-à-dire un volume sur la partie courbe duquel on peut tracer des droites parallèles égales, et terminé par deux courbes égales.

VINGT-HUITIÈME LEÇON

MESURE DU VOLUME D'UN CYLINDRE.

Je vais, pour mesurer le volume du cylindre, employer un artifice analogue à celui qui m'a servi pour la mesure de la surface du cercle.

Je transforme les lignes courbes des bases du cylindre en une série de petites lignes droites, AB, BC, CD..... ; AB′, B′C′, C′D..... (fig. 80). En joignant AA′, BB′, CC′, etc., j'aurai un parallélipipède.

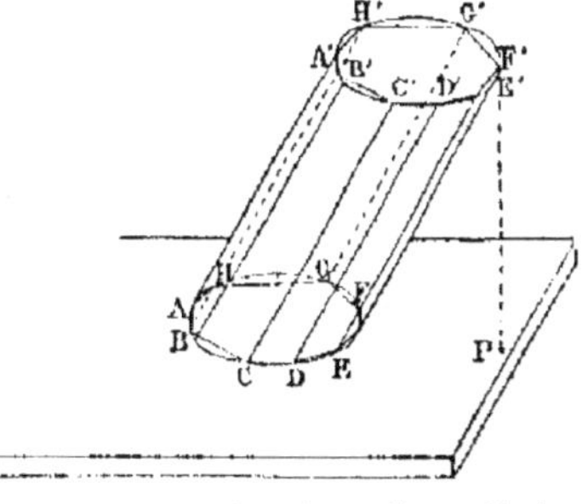
Fig. 80. — Mesure du volume d'un cylindre.

Si je suppose que ces lignes AB, A'B', etc., deviennent très petites et très nombreuses, il est clair qu'elles se confondront avec les courbes et arriveront à être de même longueur qu'elles. En même temps, la surface latérale du parallélipipède se rapprochera de celle du cylindre ; en un mot, le parallélipipède finira par se confondre avec le cylindre.

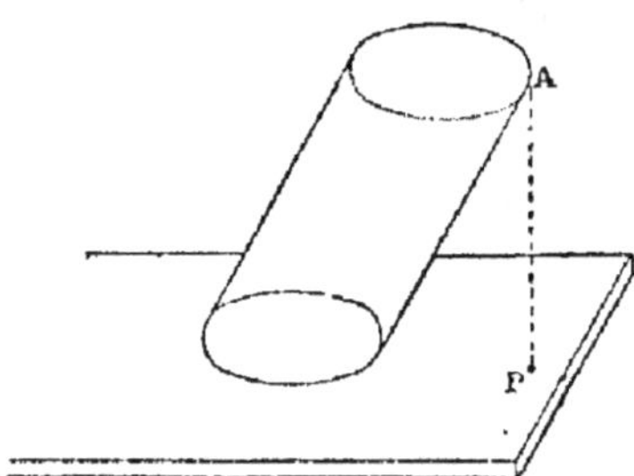

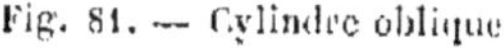

Fig. 81. — Cylindre oblique.

Fig. 82. — Cylindre droit à base circulaire.

Or, le volume du parallélipipède se mesure en multipliant la surface de la base par la hauteur. Celle du cylindre se mesure donc de même, ce qu'on écrit :

$$V \text{ (volume)} = B \text{ (base)} \times H \text{ (hauteur)}.$$

Quand le cylindre est *oblique*, comme celui-ci, il faut quelques soins pour bien mesurer la hauteur. On le fait à l'aide du fil à plomb, le cylindre étant posé sur une table ou sur le sol (fig. 81). La longueur AP du fil à plomb est évidemment la hauteur.

Quand le cylindre est *droit* (fig. 82), la hauteur est égale à la longueur, puisque toutes les lignes sont égales et perpendiculaires aux bases.

Le volume du cylindre *droit* à base circulaire a pour expression :

$$V = \pi R^2 \times H.$$

Application. — Mesurons le volume de notre tuyau de poêle. Avec une ficelle, je mesure sa circonférence, qui est de 37°,68.

Son rayon est donc :

$$\frac{37^{c},68}{2 \times 3,14} = 6^{c}.$$

Par conséquent, la surface de la base est :

$$\frac{37^{c},68 \times 6}{2} = 113^{cq},04.$$

D'autre part, la longueur du tuyau est de 75 centimètres.

Donc le volume cherché est de $113,04 \times 75 = 8478$ centimètres cubes, ou $8^{dc}478^{cc}$.

VINGT-NEUVIÈME LEÇON

LE CÔNE. — MESURE DU VOLUME DU CÔNE.

Voici un pain de sucre (fig. 83).

Je puis appliquer une règle dans un certain sens sur

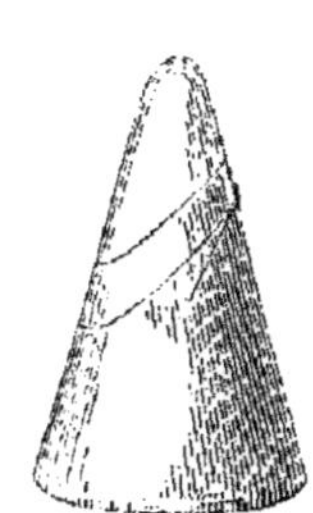
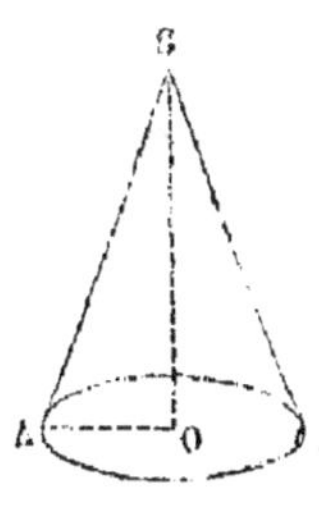
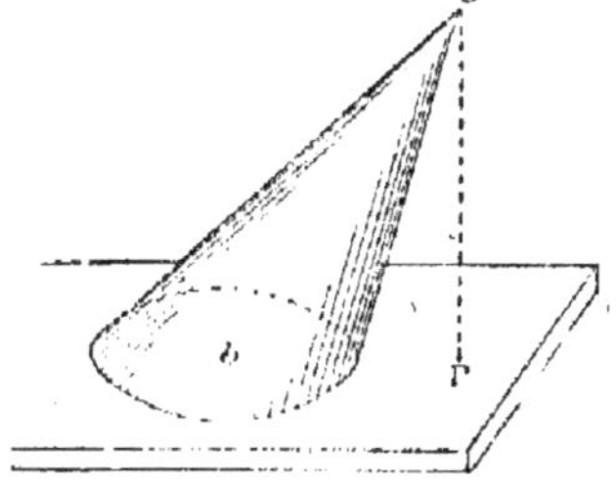

Fig. 83. — Pain de sucre.   Fig. 84. — Cône droit à base circulaire.   Fig. 85. — Cône oblique.

toute sa surface courbe; mais cette règle passera toujours par le sommet du pain.

La base de ce pain de sucre est un cercle.

Si j'abaissais du point S (fig. 84) une perpendiculaire sur cette base, elle tomberait au centre même O du cercle.

Ce pain de sucre est un CÔNE. C'est le plus régulier des cônes, on l'appelle *cône* DROIT *à base* CIRCULAIRE.

Je fais maintenant un cornet de papier, sans grand soin. C'est encore un cône; mais la base n'est pas un cercle, et la perpendiculaire tombe en dehors de cette base. C'est un *cône* OBLIQUE *à base* NON CIRCULAIRE (fig. 85).

Je pourrais compliquer indéfiniment la forme de la base du cône, comme je l'ai fait pour celle de la base du cylindre.

Ainsi, deux caractères pour le cône : 1° une figure courbe pour base ; 2° une surface latérale sur laquelle peuvent être tracées des droites qui toutes se touchent à un sommet.

Volume du cône. — Nous mesurerons le volume du cône comme nous avons mesuré celui du cylindre. Nous avions transformé celui-ci en un parallélipipède ; nous transformerons le cône en une pyramide (fig. 86).

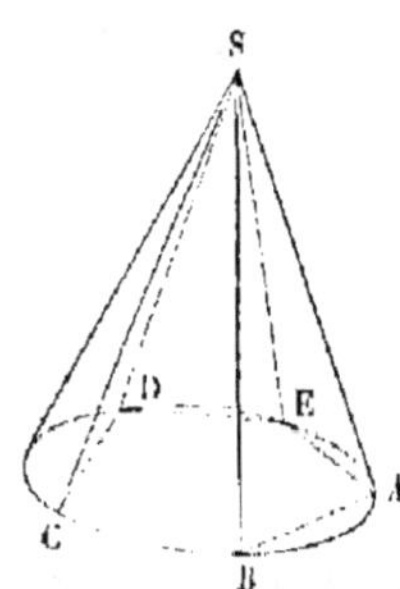

Fig. 86. — Cône transformé en pyramide.

Or le volume de la pyramide est le tiers du produit de la surface de la base par la hauteur. Celui du cône sera donc ainsi :

$$V \text{ (volume)} = \frac{B \text{ (base)} \times H \text{ (hauteur)}}{3}$$

Et le volume du pain de sucre, du cône droit à base circulaire, s'écrira

$$V = \frac{\pi R^2 \times H}{3}$$

SEPTIÈME PARTIE

MESURE DES VOLUMES TERMINÉS PAR DES SURFACES RONDES.

TRENTIÈME LEÇON

LA SPHÈRE.

Il y a un grand nombre de volumes terminés par des surfaces rondes, les unes régulières, c'est-à-dire pouvant avoir des définitions géométriques, les autres plus ou moins irrégulières. Presque tous les corps de la nature appartiennent à cette dernière catégorie. Ces volumes s'observent fréquemment chez les animaux; notre tête, notre corps, sont des volumes terminés par des surfaces rondes. Chez les végétaux, au contraire, les cônes et les cylindres sont fréquents.

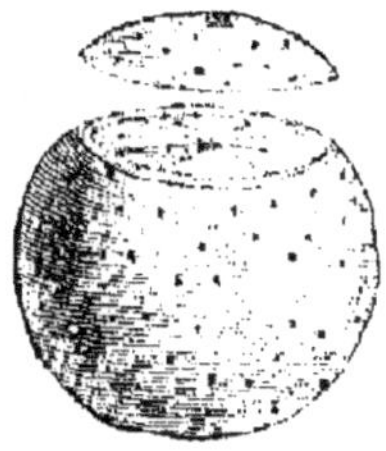

Fig. 87. — Sphère.

Parmi tous ces volumes, je ne vous parlerai que d'un, à cause de son importance, c'est la SPHÈRE.

Nous avons dit que le *cercle* est une figure terminée par une ligne ou circonférence dont tous les points sont à égale distance d'un point intérieur qu'on appelle le *centre*. Eh bien! *une sphère est un volume terminé par une surface dont tous les points sont à égale distance d'un point intérieur appelé aussi* centre.

Le *rayon* de la sphère est la ligne de longueur constante qui joint le centre à un point quelconque de la surface, et le *diamètre* est le double du rayon.

Il en résulte que quand on coupe la sphère en passant par le centre, dans quelque direction que ce soit, on obtient toujours des cercles égaux, puisqu'ils ont comme rayon le rayon même de la sphère. On les appelle des *grands* cercles, parce que, de quelque façon qu'on coupe la sphère pourvu qu'on ne passe pas par le centre, on a aussi des cercles; mais ce sont de *petits* cercles (fig. 87).

TRENTE ET UNIÈME LEÇON

SURFACE ET VOLUME DE LA SPHÈRE.

Surface de la sphère. — On démontre par des raisonnements trop compliqués pour que je vous les expose cette année, que la surface d'une sphère vaut quatre fois la surface d'un de ses grands cercles.

Chacun d'eux, nous l'avons vu, étant exprimé par la formule πR^2, nous voyons que la surface de la sphère $S = 4\pi R^2$.

Volume de la sphère. — Prenons sur la surface de la sphère quantité de points très rapprochés, comme A, B, C.... (fig. 88). Joignons-les entre eux par des droites, et aussi avec le centre de la sphère S.

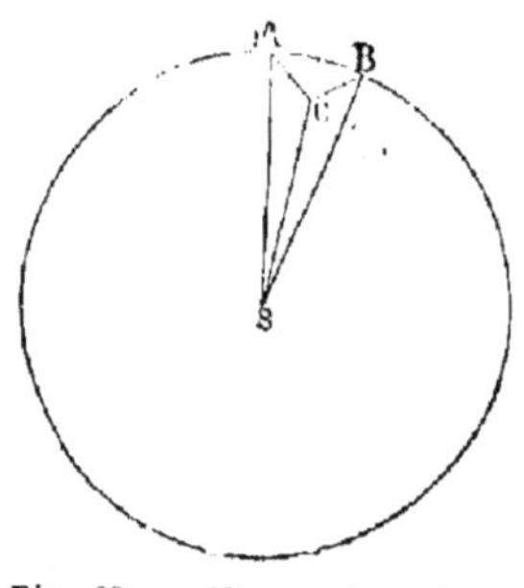
Fig. 88. — Mesure du volume de la sphère.

Nous construisons donc ainsi un nombre indéfini de petites pyramides triangulaires, ayant toutes leur sommet au centre.

Or, le volume de chacune de ces petites pyramides

est mesuré par le tiers du produit de leur base par leur hauteur. Si nous les supposons extraordinairement nombreuses, leur base finira par se confondre avec la surface de la sphère, et leur hauteur avec le rayon de cette sphère.

Leur somme totale sera donc alors le volume de la sphère, qui aura pour mesure :

$$V \text{ (volume)} = S \text{ (surface)} \times \frac{1}{3} R$$

or

$$S = 4\pi R^2.$$

donc

$$V = 4\pi R^2 \times \frac{1}{3} R$$

ce qu'on écrit d'ordinaire :

$$V = \frac{4}{3}\pi R^3 :$$

Application. — Mesurons la surface, puis le volume de notre globe terrestre.

Surface. — Je l'entoure d'une ficelle suivant l'équateur; vous voyez que la circonférence est de 94°,2.

Donc le rayon est $\dfrac{94^c,2}{2 \times 3,14} = 15^c$.

Ainsi la surface du grand cercle est $94^c,2 \times \dfrac{15.}{2} = 706^{cq},5$

Celle de la sphère est donc $4 \times 706^{cq},5 = 2826^{cq}$.

Volume. — D'après ce que je viens de vous dire, le volume de notre globe s'obtiendra en multipliant la surface par le tiers du rayon.

Il sera donc $2826 \times \dfrac{15}{3} = 14130^{cc}$, ou $14^{dc}130^{cc}$.

On arrivera au même chiffre en partant de la formule $V = \frac{4}{3}\pi R^3$, qui donnera ici $V = \frac{4}{3}\pi \times 15 \times 15 \times 15$

$$= \frac{4}{3} \times 3,14 \times 3375 = 14130^{\text{cc}}.$$

HUITIÈME PARTIE

DESSIN DES FIGURES GÉOMÉTRIQUES.

TRENTE-DEUXIÈME LEÇON

DES INSTRUMENTS EMPLOYÉS.

Les instruments principaux dont on se sert pour dessiner les figures géométriques sont : la RÈGLE, l'ÉQUERRE, le COMPAS, le RAPPORTEUR.

La *règle* (fig. 89) est plus ou moins plate ; mais on peut parfaitement se servir de celle avec laquelle vous réglez

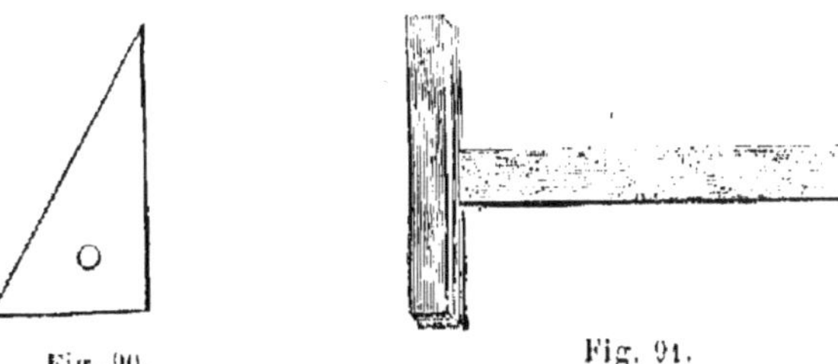

Fig. 89.

votre papier, et qui est un parallélipipède à base carrée.

L'*équerre* (fig. 90) est un triangle ayant un angle

Fig. 90.

Fig. 91.

droit, un triangle rectangle ; elle est percée d'un trou qui en facilite le maniement.

On fait aussi avec deux règles qui se croisent (fig. 91)

des équerres ouvertes qui sont très utiles pour tracer un angle droit.

Le *compas* est formé de deux pointes de cuivre et d'acier, jouant l'une sur l'autre comme des branches de ciseaux. Dans beaucoup de compas, une des pointes est mobile et peut être remplacée par un crayon (fig. 92).

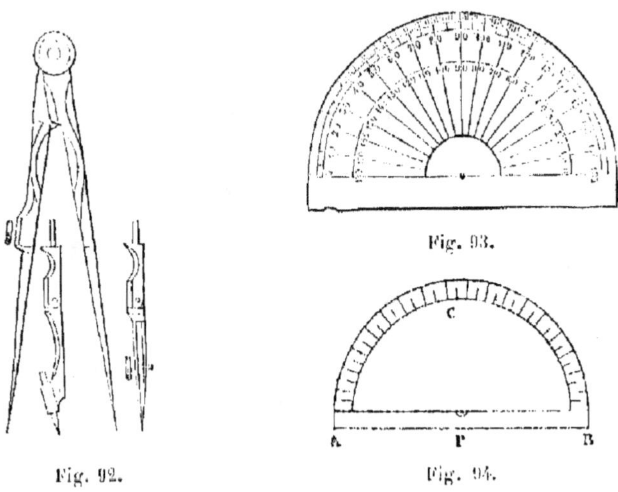

Fig. 92.

Fig. 93.

Fig. 94.

Enfin le *rapporteur* (fig. 93) est une plaque de corne transparente ayant la forme d'un demi-cercle. La demi-circonférence est divisée en 180 parties ou degrés, et ces divisions sont reliées par des lignes au centre du demi-cercle. Il y a aussi des rapporteurs en cuivre évidé (fig. 94).

TRENTE-TROISIÈME LEÇON

TRACÉ DES DROITES, DES PARALLÈLES ET DES PERPENDICULAIRES.

Droites. — Pour tracer une ligne droite, on applique sur le papier la règle, et on passe sur son bord soit un crayon, soit une plume, soit un *tire-ligne* (fig. 95).

Les ouvriers ont souvent à tracer des droites si longues qu'on ne pourrait se servir d'une règle. Alors

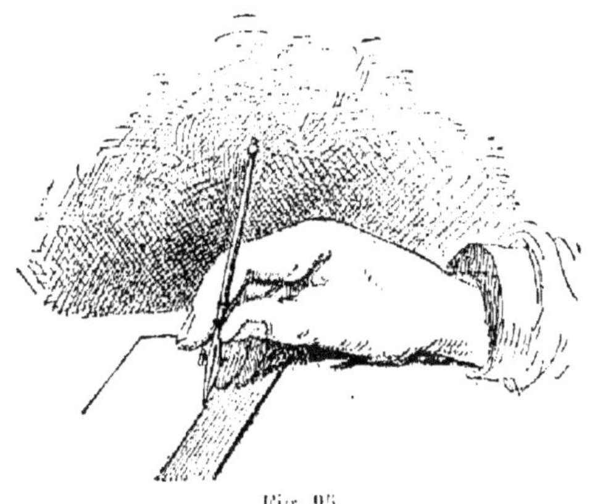

Fig. 95.

ils tendent un cordeau entre deux piquets, et ce cordeau leur fournit la droite demandée.

Si ce sont des jardiniers, ils passent le long du cordeau un échalas pointu avec lequel ils grattent la terre. Les peintres (fig. 96) enduisent le cordeau de craie et

Fig. 96.

l'écartent avec le doigt, le laissent revenir et frapper la planche où il marque une raie blanche.

Parallèles. — Soit donnée une ligne K'D' à laquelle je veux tracer une parallèle par un point A.

J'applique sur la ligne K'D' un des grands côtés de l'équerre (fig. 97), et j'appuie l'autre côté sur la règle MN. Puis je fais glisser la règle jusqu'à ce que je sois arrivé

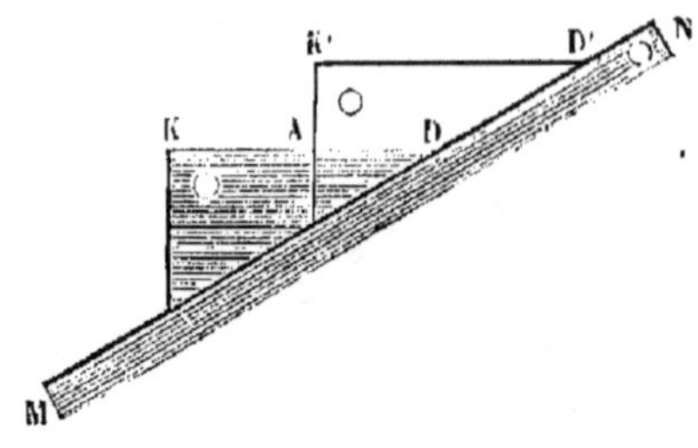

Fig. 97.

au point A. Je trace alors la ligne KD qui est la parallèle cherchée.

Elle est en effet parallèle à K'D', puisque tous ses points sont à distance égale des points correspondants de K'D', à cause du déplacement régulier de l'équerre.

Perpendiculaires. — Pour *élever* une perpendiculaire sur une droite AB par un point C de cette droite, on peut appliquer l'équerre (fig. 98).

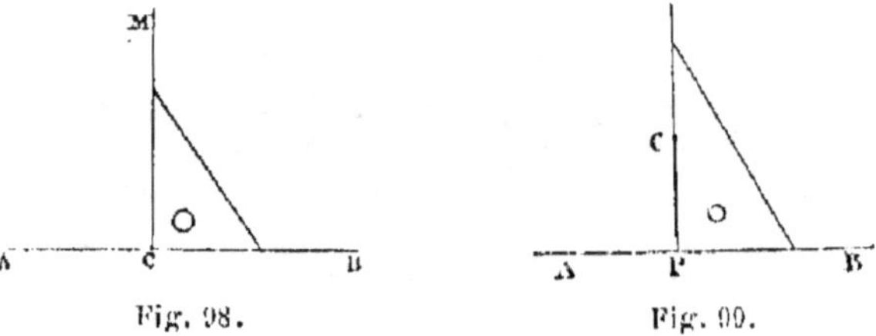

Fig. 98.

Fig. 99.

De même pour *abaisser* une perpendiculaire sur une droite AB par un point C pris hors de la droite, on peut se servir de l'équerre (fig. 99).

On peut également employer le rapporteur. Les perpendiculaires font entre elles des angles droits, qui valent 90°. Il suffit donc d'appliquer le centre du demi-cercle sur le point où doit s'élever la perpendiculaire (fig. 100).

Ces procédés sont si simples qu'il n'y a pas besoin de description. Mais ils ne donnent pas toujours des résultats parfaitement exacts. Il est préférable d'employer le compas.

Élever une perpendiculaire en un point C d'une droite AB. — On marque à droite et à gauche et à égale distance de C (fig. 101), deux points M et N; cela se fait très aisé-

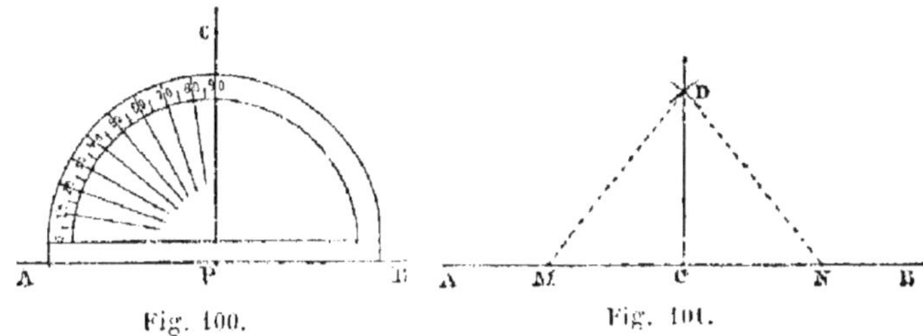

Fig. 100.　　　Fig. 101.

ment en gardant la même ouverture au compas. Puis, en plaçant successivement une pointe du compas en M et en N, avec une ouverture plus grande que CN, on décrit deux arcs de cercle, qui se coupent en D. La ligne DC est la perpendiculaire cherchée.

Pour le prouver, je plie la feuille de papier suivant la ligne DC; il faudra bien que N tombe sur M, puisque CN a la même longueur que CM, et DN la même longueur que DM. Par conséquent, les deux angles en C sont deux angles droits, et par conséquent DC est perpendiculaire sur AB.

Abaisser une perpendiculaire d'un point donné D *sur une droite* AB. — Du point D (fig. 102), avec une ouverture assez grande de compas, je trace un arc de cercle qui coupe en M et en N la droite AB. Puis, de M et de N, avec la même ouverture, je trace deux petits arcs de cercle qui se coupent en E. Je joins les deux points D

4.

et E par une ligne qui est la perpendiculaire cherchée

En effet, si je plie la feuille de papier suivant la ligne AB, il faudra bien que E tombe sur D, puisque ND = NE, et MD = ME. Donc les quatre angles en C sont

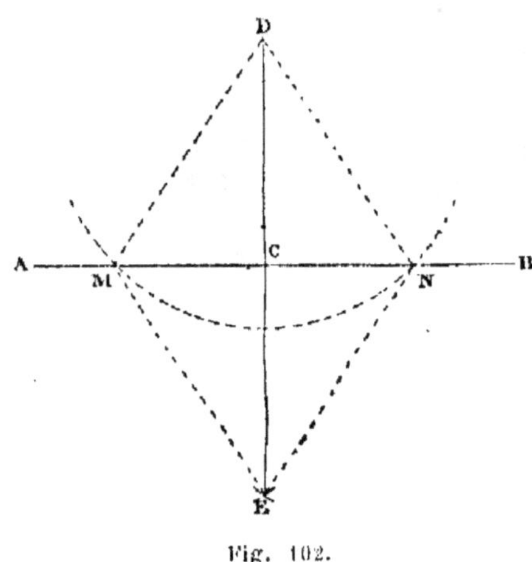

Fig. 102.

quatre angles droits. Donc DC est perpendiculaire sur AB.

Cette perpendiculaire DC mesure la plus courte distance du point D à la ligne AB. Car il est bien clair que toute oblique est plus longue que cette ligne DC.

La démonstration prouve encore que deux obliques DM et DN également écartées (CM = CN) du pied de la perpendiculaire, sont égales.

TRENTE-QUATRIÈME LEÇON

DIVISION D'UNE DROITE EN PARTIES ÉGALES.

Trouver le milieu d'une droite AB, c'est-à-dire diviser une droite en deux parties égales. — Successivement, de A et de B (fig. 103), avec une ouverture quelconque de compas, je décris deux arcs de cercle qui se coupent en C et en D. Puis, je joins CD, et le point P où les deux lignes se coupent est le milieu de la longueur AB.

Si, en effet, je plie la feuille de papier suivant la ligne CD, il faudra bien que B tombe sur A, puisque DB = DA, et CB = CA. Donc PA = PB.

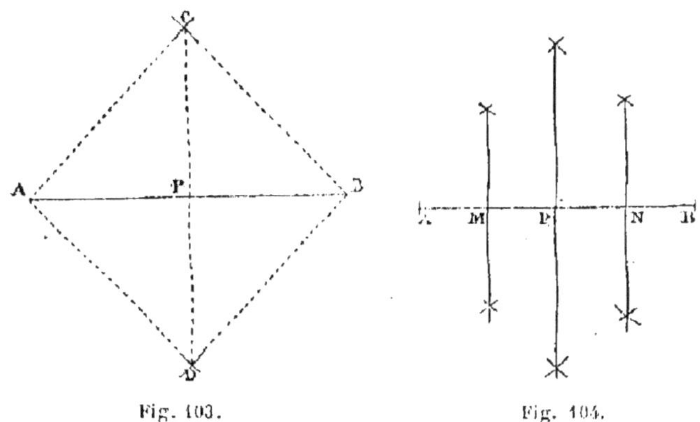

Fig. 103.   Fig. 104.

Diviser une droite en 4, 8 et 16 parties égales. — On commence (fig. 104) par la diviser en 2 parties égales, AP = PB, comme je viens de vous le dire. Puis on divise AP en deux autres parties égales, AM = MP par le même procédé, et ainsi de suite.

Diviser une droite en un nombre quelconque de parties égales. — Je suppose qu'on me dise de diviser la ligne AB en cinq parties égales (fig. 105). Par l'une des extrémités A, je trace une droite quelconque AC; puis, sur cette droite, je porte cinq longueurs égales quelconques AD = DE = EF = FG = GH. Je joins BH.

Alors, par les points D, E, F, G, je mène des parallèles à BH. Les points *degf* où ces parallèles coupent la ligne AB, la divisent précisément en cinq parties égales.

Si en effet elles n'étaient pas égales, si par exemple,

de était plus grand que *ef* (fig. 106), il est bien clair que les lignes *e*E et *f*F ne seraient pas parallèles. Or,

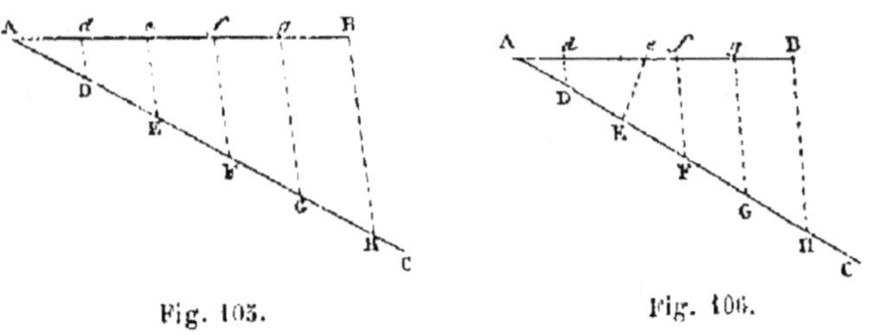

Fig. 105.　　　　　Fig. 106.

nous les avions tracées parallèles; par conséquent *de* = *ef*.

TRENTE-CINQUIÈME LEÇON

CONSTRUCTION DES FIGURES TERMINÉES PAR DES LIGNES DROITES.

TRIANGLE. — *Construire un triangle avec trois longueurs données.* — Soient A, B, C, ces trois longueurs (fig. 107). Je trace une droite DE, égale à A par exemple. Puis,

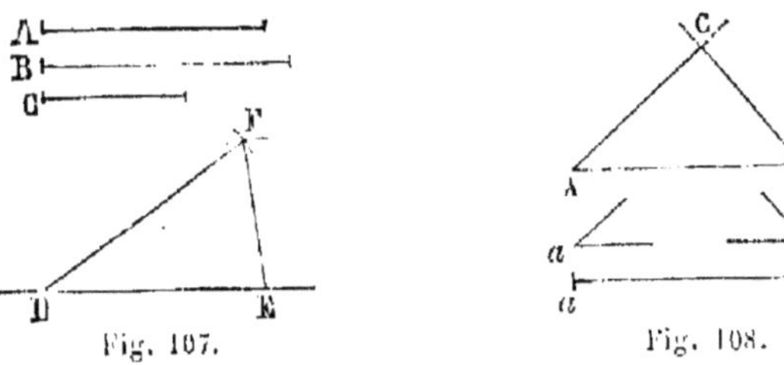

Fig. 107.　　　　　Fig. 108.

de D, avec une ouverture de compas égale à B, je trace un arc de cercle. Enfin, de E avec une ouverture de compas égale à C, un autre arc de cercle. Ces deux arcs se coupent en F. En joignant F à D et E, voilà le triangle demandé.

Construire un triangle dont on connaît un côté et les deux

angles contigus ou adjacents, comme disent les géomètres.
— Soient *ab* le côté, *a* et *b* les deux angles (fig. 108).

Je prends une largeur AB; je mesure au rapporteur
les angles *a* et *b*, et fais en A et en B des angles qui leur
sont égaux. En prolongeant les deux côtés de ces angles,
ils arrivent à se couper en C. Le triangle ABC est donc
le triangle cherché.

*Construire un triangle rectangle dont on connaît le
grand côté et un des deux petits côtés.* — Soit (fig. 109) *a*
ce grand côté, celui *opposé* à l'angle droit, et que les
géomètres appellent l'HYPOTÉNUSE, et *b* le petit côté.

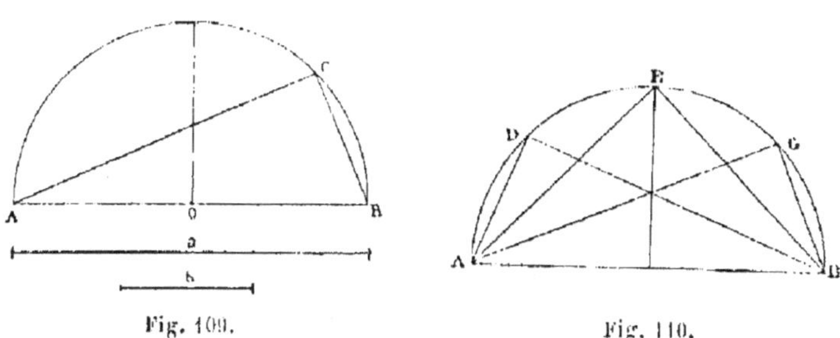

Fig. 109.　　　　Fig. 110.

Je trace une ligne AB égale à *a* et j'en prends le milieu O par le procédé plus haut décrit. En partant de O
avec OA comme rayon je trace un demi-cercle, puis de
B avec une ouverture de compas égale à *b*, je coupe le
demi-cercle en C. Le triangle cherché est ACB.

C'est en effet, une essentielle propriété du demi-cercle
que tous les angles qui y sont *inscrits* ADB, AEB, AGB, etc.,
sont des angles droits (fig. 110).

CARRÉ. — *Construire un carré dont on connaît le côté.*
— Soit (fig. 111) AB ce côté. En A j'élève une perpendiculaire AC égale à AB. Puis, de C et de B avec une
ouverture de compas égale à AB, je trace deux arcs
de cercle qui se coupent en D; joignant CD et DB, j'ai
le carré cherché.

Construire un carré dont on connaît la diagonale. —
Soit (fig. 112) AB cette diagonale. J'élève une perpendiculaire MN en son milieu O. Puis avec OA comme

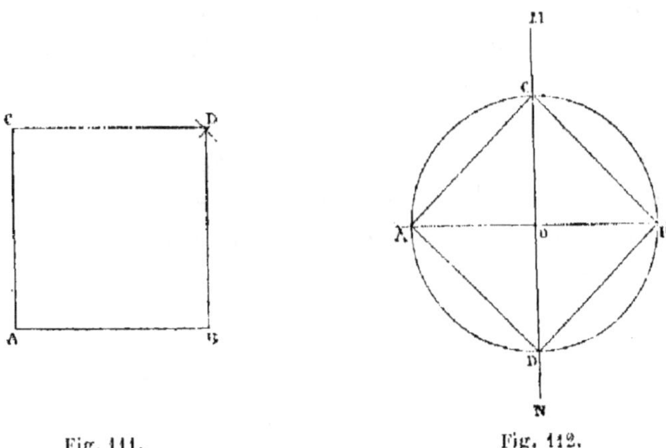

Fig. 111.   Fig. 112.

rayon, je décris une circonférence qui coupe MN en C
et D. Joignant ces quatre points j'ai le carré cherché.

Car c'est un carré, puisque chacun de ses angles est
inscrit dans un demi-cercle.

PARALLÉLOGRAMME. — *Construire un parallélogramme,
connaissant les deux côtés non parallèles* a *et* b, *et l'angle* A

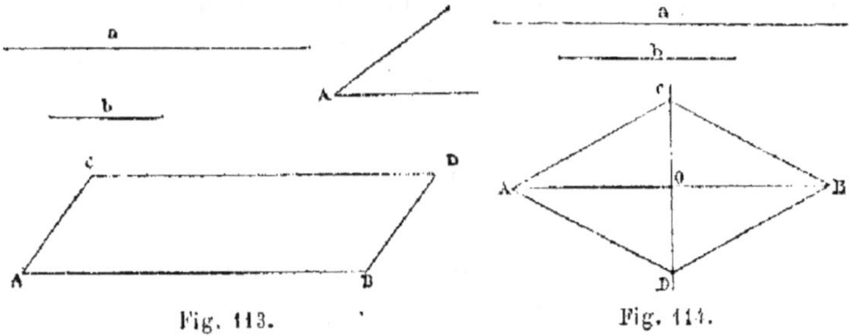

Fig. 113.   Fig. 114.

compris. — Rien de plus simple. Je fais (fig. 113) un
angle égal à l'angle A, à l'aide du rapporteur, et j'en
prolonge les côtés; j'y mesure alors AB égal à *a*, AC

égal à *b*. Puis par C je mène une parallèle à AB, et par B une parallèle à AC. L'entre-croisement D donne le parallélogramme.

Losange. — Le losange est un parallélogramme dont les quatre côtés sont égaux. Les diagonales du losange sont perpendiculaires entre elles.

Construire un losange dont on connaît les diagonales. — Soient *a* et *b* ces diagonales (fig. 114). Sur le milieu d'une ligne égale à *a*, AB, j'élève une perpendiculaire ; au-dessus et au-dessous du point O je mesure OC et OD égaux chacun à la moitié de *b*. Joignant les quatre points, j'ai le losange cherché.

TRENTE-SIXIÈME LEÇON

CONSTRUCTION GÉNÉRALE DES FIGURES RÉGULIÈRES TERMINÉES PAR DES DROITES.

On appelle figures RÉGULIÈRES celles qui ont tous leurs côtés égaux et tous leurs angles égaux. Nous connaissons déjà comme réguliers le triangle équilatéral et le carré.

Toute figure régulière peut être *inscrite* dans un cercle ; c'est-à-dire qu'on peut faire passer une circonférence de cercle par tous les sommets des angles. De là une méthode générale très simple pour tracer toutes les figures régulières.

Pentagone. — Commençons par la figure à 5 côtés et à 5 angles, qu'on appelle PENTAGONE (de deux mots grecs : *penta*, qui veut dire cinq, et *gonos*, qui veut dire angle).

Je trace une circonférence (fig. 115). Elle devra être divisée en 5 parties égales par les sommets des angles du pentagone. Or, je vous ai dit qu'on divise la circonférence en 360 degrés (360°); le cinquième de 360 est 72.

J'applique le rapporteur de manière à ce que son centre se place sur le centre O du cercle. Je cherche la division marquée 72, et je marque le point B où elle coupe ma circonférence, en même temps que le point

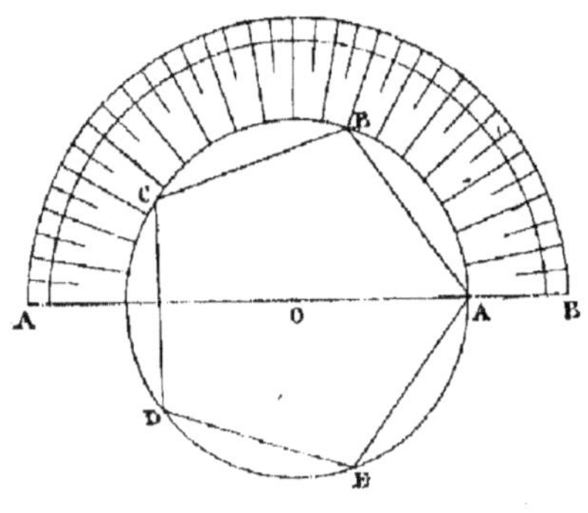

Fig. 115.

d'origine A. L'arc AB sera le cinquième de la circonférence; et par conséquent la corde AB sera le côté du polygone.

Je n'ai plus qu'à prendre une ouverture de compas égale à AB et à la porter quatre fois sur la circonférence; les points E, D, C, seront les sommets du pentagone. A la quatrième fois, je devrai retomber en B.

HEXAGONE. — Je puis tracer de même une figure à 6 côtés (*hexa*, six; *gonos*, angle). Seulement ici la chose est plus simple.

Du reste, l'arc de l'hexagone vaut 360 divisé par 6, c'est-à-dire 60°; on peut donc aussi employer le rapporteur.

Les géomètres ont démontré que le côté de l'hexagone est égal au rayon du cercle. Donc, celui-ci tracé (fig. 116), je n'ai qu'à porter mon ouverture de compas de A en B, de B en C, etc., pour trouver les sommets des angles de l'hexagone.

OCTOGONE. — L'octogone, qui a 8 angles (*octo*, huit), peut être tracé de même, en mesurant un arc égal au huitième de 360°, soit 45°, c'est-à-dire à la moitié de l'angle droit.

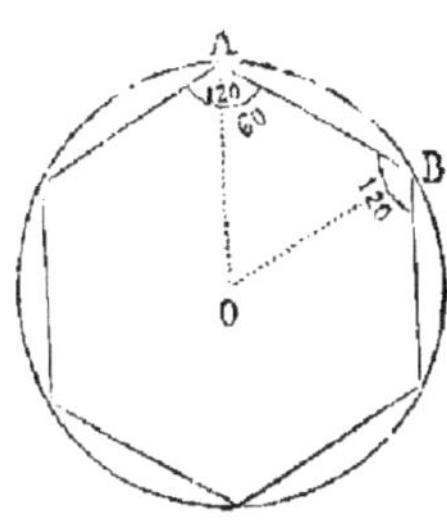

Fig. 116. — Tracé de l'hexagone.   Fig. 117. — Tracé de l'octogone.

On peut aussi partir de la figure à quatre côtés, du carré (fig. 117). Pour cela, on trace les deux diagonales qui se coupent en un point O. On prend avec un compas la demi-longueur du côté du carré, et on marque les 4 points EFGH. Enfin, par ces 4 points on mène des parallèles aux diagonales, et l'on a alors l'octogone, *bacdefgh*.

On peut tracer par la méthode de la division des arcs du cercle, le DÉCAGONE (*deca*, dix), le DODÉCAGONE (*dodeca*, douze), et en général tous les POLYGONES (*poly*, plusieurs, beaucoup) réguliers.

TRENTE-SEPTIÈME LEÇON

JUXTAPOSITION DES FIGURES.

On se sert beaucoup, dans l'ornement, dans la tapisserie, dans le carrelage, de la *juxtaposition* des figures.

Figure à 3 côtés. — On peut juxtaposer des triangles égaux de forme quelconque (fig. 118).

Figure à 4 côtés. — On peut également juxtaposer

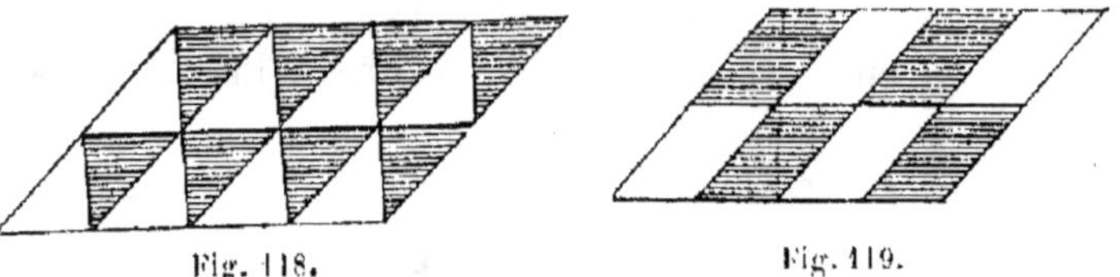

Fig. 118.

Fig. 119.

des parallélogrammes égaux quelconques (fig. 119), et par conséquent des losanges, des rectangles, des carrés (fig. 120).

Figure à 5 côtés. — On ne pourrait carreler avec des pentagones réguliers ; et voici pourquoi : l'angle du pentagone vaut 108°. Or, il n'y a pas moyen de disposer côte à côte des angles de 108°, autour d'un même

Fig. 120.

Fig. 121.

sommet, B par exemple (fig. 121), de manière à ce qu'ils se rejoignent. Si on en mettait trois, cela ferait 324°, et il resterait, sur les 360° de la circonférence, un vide m de 36°. Si on en mettait quatre, cela ferait 432°, et il y aurait un chevauchement de 72°.

Figure à 6 côtés. — Au contraire, les hexagones réguliers s'appliquent très bien en carrelage (fig. 122). C'est que leur angle vaut 120° ; en en mettant 3 à côté l'un de l'autre, on fait le tour des 360° de la circonférence.

Figure à 8 côtés. — On ne peut carreler avec l'octogone régulier seul, dont l'angle a 135°. Si on en juxtapose deux, on obtient 270°; il en manque 90 pour arriver à 360°. On peut donc carreler en intercalant un carré entre des octogones (fig. 123).

Figure à 12 côtés. — Semblablement on peut carreler

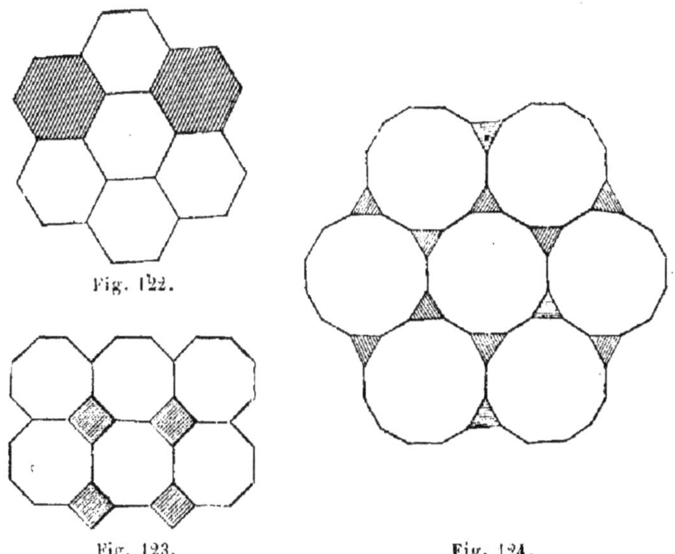

Fig. 122.

Fig. 123.

Fig. 124.

avec des dodécagones réguliers, en remplissant les petits vides par des triangles équilatéraux (fig. 124).

TRENTE-HUITIÈME LEÇON

TRACÉS SUR LES ANGLES.

Faire un angle égal à un angle donné. — On peut y arriver très aisément en appliquant le rapporteur. Mais il n'est pas absolument besoin de cet instrument.

Soit N l'angle donné. Du point N (fig. 125), avec une ouverture de compas quelconque, je trace un arc *mp*. Alors, du point B, sur la ligne BA, où je veux faire un angle égal à N, je trace un arc semblable *ac*. Je n'ai plus qu'à mesurer sur cet arc *ac* = *m*P, et joindre *c*B. L'angle B sera égal à l'angle N, puisqu'il comprend la même longueur d'arc de cercle de même rayon.

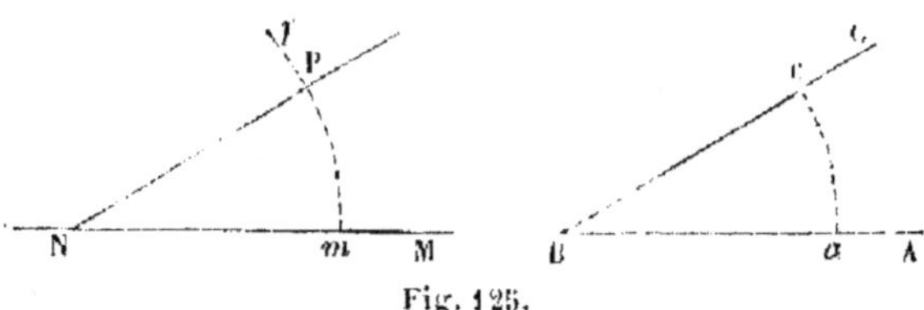

Fig. 125.

Diviser un angle en deux angles égaux. — Très facile encore avec le rapporteur. Très facile aussi avec le compas.

Avec une ouverture quelconque de compas, je trace l'arc MN (fig. 126). Puis je prends le milieu P de la droite MN par le procédé connu. Joignant AP, j'ai deux angles égaux PAN = PAM, puisqu'ils comprennent deux parties égales d'un même arc.

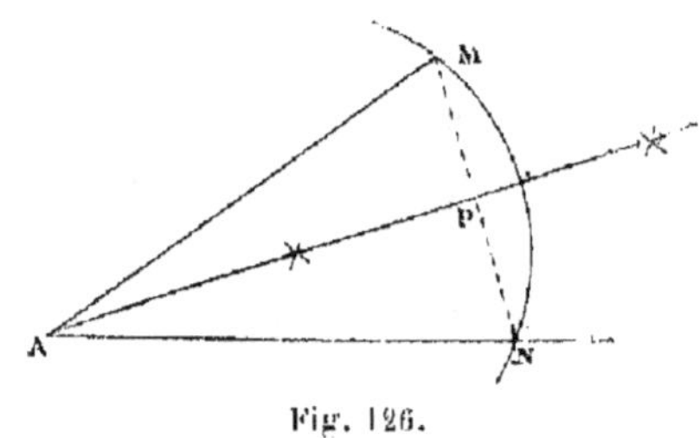

Fig. 126.

On peut de même diviser l'angle en autant de parties égales qu'on veut, en divisant MN convenablement.

Inversement, on peut doubler, tripler, etc., l'angle, en doublant, triplant, etc., l'arc MN.

TRENTE-NEUVIÈME LEÇON

TRACÉS SUR LE CERCLE.

Pour tracer sur le papier un cercle de rayon donné, on emploie tout simplement un compas, dont on écarte les deux branches à la longueur du rayon. Pour en tracer un sur le sol (fig. 127), on plante un piquet, auquel on attache un cordeau de la longueur voulue; l'extrémité du cordeau sert à tracer la circonférence du cercle.

Fig. 127.

Trouver le centre d'une circonférence donnée. — Je joins par des droites (fig. 128) trois points A, B, C, pris au hasard sur la circonférence. Au milieu de AB j'élève une perpendiculaire PM. Le centre doit se trouver sur cette ligne, puisque tous les points de cette ligne sont à égale distance de A et de B. De même, j'élève la perpendiculaire QN sur le milieu de AC; le centre doit être sur la ligne QN. Donc il est en O, point de rencontre des deux perpendiculaires.

Faire passer une circonférence par trois points donnés. —

C'est le même problème sous une autre forme. Je joins (fig. 129) les trois points A, B, C, par des droites. Au milieu de AB et de AC, j'élève des perpendiculaires. Le centre du cercle cherché sera au point de rencontre de

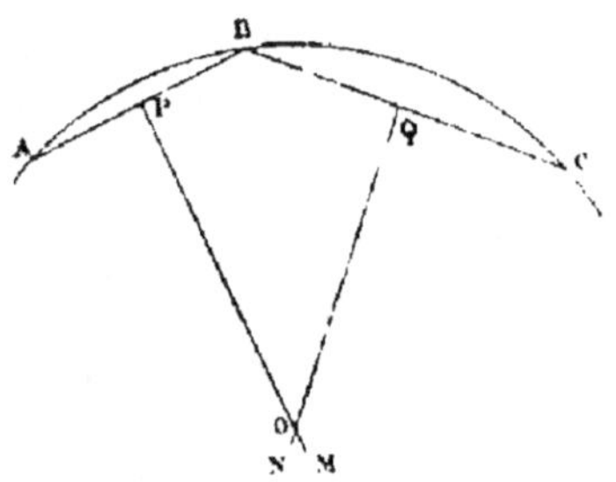

Fig. 128. — Trouver le centre d'une circonférence.

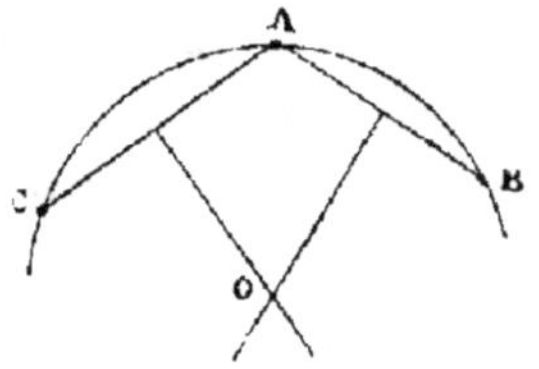

Fig. 129. — Faire passer une circonférence par trois points donnés.

ces perpendiculaires. Il n'y a plus qu'à tracer la circonférence avec $OC = OA = OB$ pour rayon.

Tracer une tangente à une circonférence par un point de cette circonférence. — Je joins (fig. 130) le centre O avec le point en question M; puis en M je trace la perpendi-

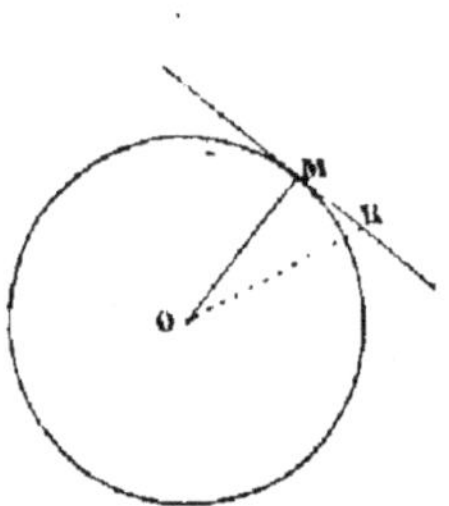

Fig. 130. — Tracer une tangente.

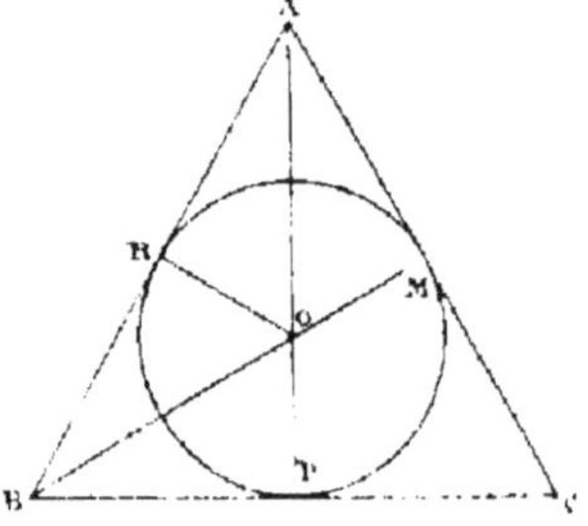

Fig. 131. — Inscrire un cercle dans un triangle.

culaire à OM. C'est la tangente cherchée, car elle ne touche le cercle que par le point M, toute autre ligne oblique OR étant plus longue que OM, et par conséquent R n'étant pas sur la circonférence.

Inscrire un cercle dans un triangle. — C'est tracer une circonférence à laquelle soient tangentes les trois côtés AB, BC, CA (fig. 131). Le centre doit se trouver au point de rencontre de lignes perpendiculaires à ces trois côtés; en d'autres termes, il doit être à égale distance de ces trois côtés.

Je divise en deux parties égales l'angle en B par la ligne BM; le centre cherché est placé nécessairement sur cette ligne. Je divise de même l'angle A; le centre est placé sur AP. Donc il est à l'intersection de BM et de AP, en O. Et il a pour rayon la ligne OR, perpendiculaire à AB.

NEUVIÈME PARTIE

QUARANTIEME LEÇON

DÉFINITIONS.

Arpenter, c'est mesurer sur le sol la surface de parcelles de terre, prés, bois, etc., limitées tantôt par des lignes droites, tantôt par des lignes courbes.

Lever un plan, c'est représenter ces vastes surfaces sur une feuille de papier en proportions exactes; c'est en faire un *portrait* très réduit. Il en résulte que les mesures prises sur ce plan correspondent aux mesures vraies, à la condition d'être multipliées par un certain nombre : 500, 1,000. 2,000, par exemple, si le plan est au cinq-centième, au millième, etc.

Il arrive souvent que les surfaces à mesurer ne sont pas planes, mais comprennent des collines, des vallées, etc. Dans ce cas, la mesure et la représentation sur un plan présentent d'assez grandes difficultés. Aussi je ne vous en parlerai pas cette année, et ne vous entretiendrai que des surfaces planes.

La mesure de ces surfaces se fait par les méthodes que je vous ai déjà indiquées. Quand elles sont trop compliquées, on les décompose en figures simples : rectangles, parallélogrammes, trapèzes, triangles. Il ne peut guère y avoir dans la nature de surfaces plus compliquées que celles dont je vous ai parlé à nos quatorzième et vingt-sixième leçons.

Mais pour mesurer, dans la nature, des angles, des longueurs, etc., il ne peut être mention de rapporteur, de compas; il faut des instruments spéciaux, dont l'usage doit être familier au GÉOMÈTRE-ARPENTEUR.

Tout revient, en définitive, à tracer des lignes droites, à en mesurer la longueur, à tirer des perpendiculaires, et à mesurer des angles.

De là trois sortes d'instruments.

QUARANTE ET UNIÈME LEÇON

PRINCIPAUX INSTRUMENTS EMPLOYÉS.

1° *Tracé des droites.* — On trace sur le terrain les droites dont on croit avoir besoin au moyen de JALONS (fig. 132). Ce sont des baguettes de bois bien droites, au sommet desquelles on attache une feuille de papier blanc. On les dispose en ligne droite en visant sur les bouts de papier qui se placent à la même hauteur.

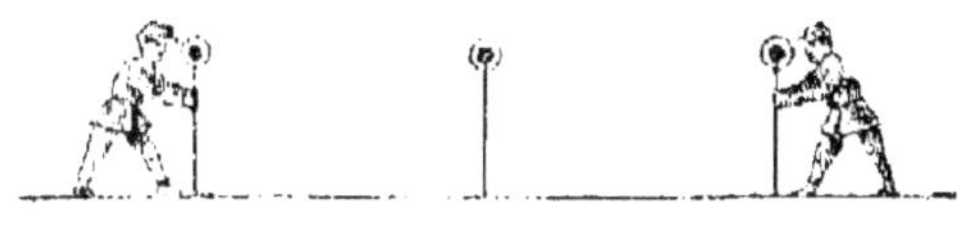

Fig. 132.

2° *Mesure des longueurs.* — Je vous ai déjà parlé de la CHAÎNE. Elle est formée de tigelles de fer ayant 20 centimètres de longueur, articulées les unes sur les autres. Elle a en tout 10 mètres de longueur. On la tend le long des jalons (fig. 133), et quand on est arrivé au bout, on plante une fiche en fer. Le nombre de ces fiches mesure le nombre des décamètres.

5.

3° *Mesure des angles*. — On peut mesurer tous les angles sur le terrain à l'aide de la *planchette*.

C'est une petite table montée sur un trépied (fig. 134), qu'on dispose horizontalement ; une feuille de papier y est bien tendue. On se place avec elle au sommet de l'angle à mesurer. Au moyen d'une règle spéciale nommée *alidade*, disposée de manière à permettre de viser très exactement, on trace successivement sur le papier les deux lignes qui déterminent l'angle.

Fig. 133.

Celui-ci est ensuite mesuré avec un rapporteur ; ou bien ce tracé est directement utilisé pour le *plan*, comme je vous le dirai.

4° *Tracé des perpendiculaires*. — Il peut se faire avec la planchette, car il suffit de viser avec les côtés de la tablette, qui est rectangulaire, pour déterminer la direction de la perpendiculaire.

Mais on se sert ordinairement de l'*équerre d'arpenteur* (fig. 135). C'est un prisme en cuivre dont chacun des huit pans est percé d'une fente.

Cet instrument étant fixé sur un pied, il suffit de viser avec deux fentes la ligne sur laquelle on veut élever la perpendiculaire, puis de viser de nouveau en se plaçant deux fentes plus loin. On peut ainsi tracer non

Fig. 134.

seulement des perpendiculaires à 90°, mais des lignes faisant entre elles 45° et 135°.

Si l'on veut maintenant mener une perpendiculaire à une ligne, non pas par un point pris sur cette ligne, mais par un point extérieur à cette ligne, rien de plus simple. On se promène sur la ligne en la visant à travers deux fentes de l'équerre, et on regarde à travers les fentes à 90° jusqu'à ce qu'on voie le point d'où doit partir la perpendiculaire. Il n'y a plus alors qu'à jalonner.

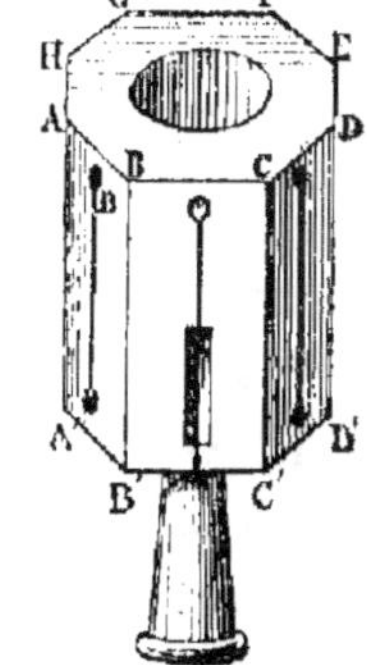

Fig. 135.

Il y a encore d'autres instruments, plus compliqués, plus délicats, et notamment le *graphomètre ;* mais ceux dont je viens de vous parler sont très suffisants pour un arpentage ordinaire.

QUARANTE-DEUXIÈME LEÇON

TRACÉ DIRECT D'UN PLAN.

On peut, à l'aide de la planchette, tracer directement un plan sur le papier ; les mesures d'arpentage peuvent ensuite être faites sur ce *portrait* du terrain à mesurer.

Il suffit pour cela de se transporter successivement sur tous les sommets des angles du terrain, et de mesurer à la chaîne la longueur de tous les côtés.

Supposons que le terrain à arpenter soit la figure M (fig. 136) Je me place d'abord au point A, par exemple,

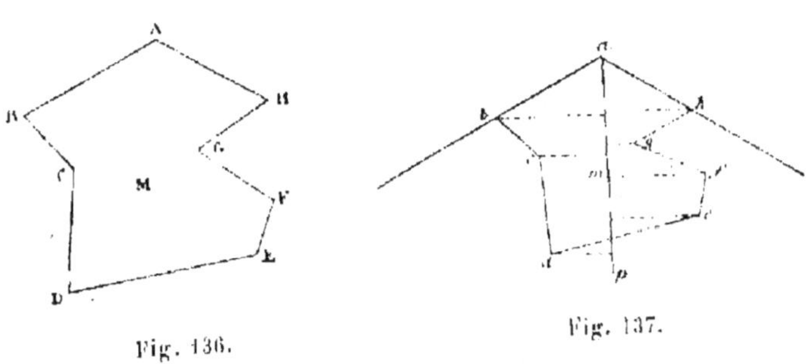

Fig. 136.   Fig. 137.

et avec mon alidade je vise sur le papier les deux directions AB et AH. Je trace ainsi deux lignes *ab* et *ah* qui représentent en *a* l'angle A (fig. 137).

Je m'en vais ensuite en B, tout en mesurant la longueur AB ; elle sera, je suppose de 123 mètres. Mon plan devant être suffisamment clair en étant réduit au millième, je mesure sur le côté de l'angle tracé sur la planchette une longueur de 123 millimètres. Là sera le point *b* qui représentera B. En B, je recommence à viser à la fois BA et BC, ce qui me fait tracer sur la planchette l'angle *b* égal à B.

Je me transporte alors en C ; la distance BC étant trouvée de 57 mètres, je place le point *c* à 57 milli-mètres de *p*.

Puis, je recommence en D, en E, en G, en H, ce que j'ai fait en A, en B, en C. Et si j'ai bien opéré, la ligne *ha* que j'obtiens en dernier lieu doit se confondre avec la ligne *ah* que j'ai tracée au commencement.

J'ai ainsi dessiné une figure *m* qui est le portrait, le plan, la réduction du terrain M.

Cette réduction est au millième, c'est-à-dire que chaque millimètre sur le plan représente un mètre dans la nature. Donc, chaque millimètre carré du plan vau-dra un mètre carré de la surface réelle.

Pour mesurer la surface sur le papier, le mieux sera de tracer une ligne quelconque *ap* passant par un des sommets, et d'abaisser de tous les autres des per-pendiculaires sur *ap*. On décompose ainsi la figure en trois triangles et cinq trapèzes, qui s'évaluent comme nous le savons ; il n'y a plus qu'à additionner toutes ces surfaces, et à en retrancher celles d'un petit triangle dont le sommet est en *d*, et qui est hors de la figure.

Cas particulier. — Quand d'un point pris soit dans l'intérieur soit sur les bords de la surface à mesurer on peut voir tous les sommets des angles de cette surface,

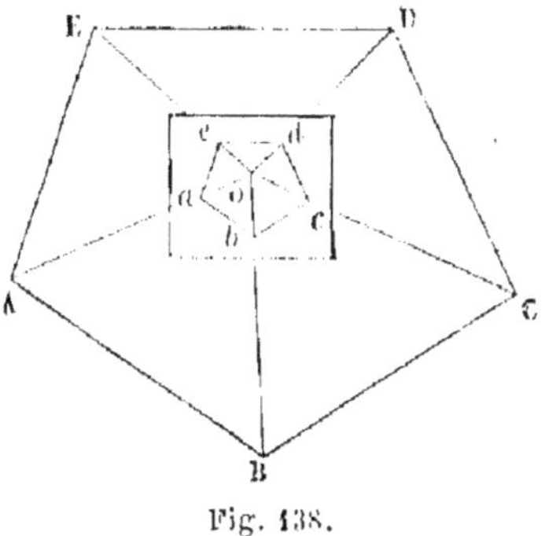

Fig. 138.

on peut dresser le plan à la planchette sans cheminer comme je viens de vous l'indiquer.

Plaçons-nous, par exemple, avec notre planchette,

dans l'intérieur de la pièce de terre à arpenter ABCDE (fig. 138); je vise successivement, sans que mon papier bouge de place, tous les sommets du polygone, et je trace toutes les directions. Je fais alors jalonner et mesurer les lignes OA, OB, OC, etc.

Si je veux réduire mon plan au millième, je n'ai qu'à prendre des longueurs O*a* égales au millième de OA, O*b* égale au millième de OB, et ainsi de suite. Joignant enfin *abcde*, j'obtiens le plan demandé.

QUARANTE-TROISIÈME LEÇON

ARPENTAGE PROPREMENT DIT.

Mais on ne peut pas toujours se servir de la planchette, et la mesure des angles offre toujours des difficultés et des incertitudes.

Voici le plus souvent comme on procède. Mais le mieux est de nous en aller sur le champ de foire, là, en face de l'école, et d'en mesurer la superficie tout en en faisant le plan. Il est du reste assez irrégulier.

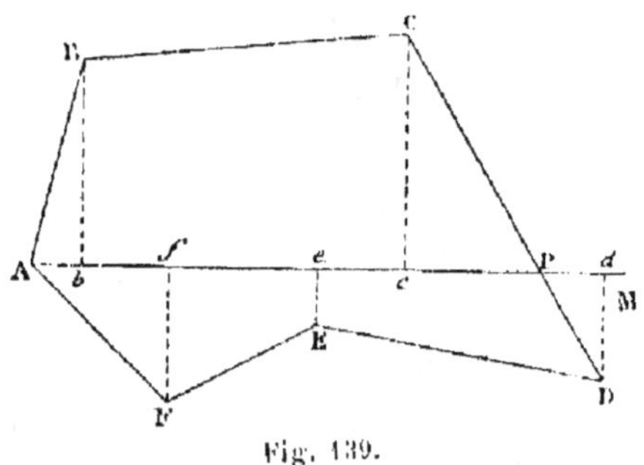

Fig. 139.

Nous allons d'abord jalonner et mesurer à la chaîne une ligne quelconque passant par un des sommets, AM (fig. 139).

Puis je me promène avec une équerre d'arpenteur le long de cette ligne AM, jusqu'à ce que je sois arrivé au point b, où tombe la perpendiculaire venant de B. J'en fais autant pour C, D, E, F.

Voilà donc notre polygone irrégulier divisé en triangles (ABb, AFf, PCc), et en trapèzes (bBcC, cEdD, fFeE).

Et maintenant prenons d'autres jalons et la chaîne, jalonnons et mesurons tous les côtés (AB, BC, etc.), toutes les perpendiculaires (Bb, Ff, etc.) et toutes les parties interceptées sur la ligne AM, Ab, bf, etc).

Nous y avons mis le temps; mais voilà qui est fait, et sur ce grossier croquis que j'ai dressé du champ de foire, je porte les chiffres exprimant ces longueurs.

Rentrons maintenant dans l'école. Rien de plus facile que de calculer la surface de notre figure. C'est la somme de toutes celles des triangles et des trapèzes, moins celle du triangle PdD.

Or, j'ai successivement :

$$\text{Surface triangle } AB b = B b \times 1/2\, A b,$$
$$\qquad\qquad\qquad AF f = F f \times 1/2\, A f,$$
$$\qquad\text{trapèze } B b C c = (B b + C c) \times 1/2\, b c,$$
$$\qquad\qquad\quad F f E e = (F f + E e) \times 1/2\, f e,$$
$$\qquad\qquad\quad E e D d = (E e + D d) \times 1/2\, e d,$$
$$\qquad\text{triangle } C e P = C e \times 1/2\, P e,$$

d'où il faut déduire

$$\text{Surface triangle } PD d = D d \times 1/2\, P d.$$

Nous n'avons qu'à remplacer ces indications de lignes par les chiffres qui en expriment les vraies longueurs pour obtenir la surface du champ de foire : notre arpentage est fait.

Reste à tracer le plan : rien de plus simple. A quelles dimensions ? Au millième, cela est plus facile à calculer.

Je tire sur une feuille de papier une ligne indéfinie qui représentera AM. Puis je porte des longueurs qui seront les millièmes des longueurs A*b*, *bf*, *fe*. Ensuite, aux points *b*, *f*, *e*, etc., j'élève des perpendiculaires ayant le millième de la longueur des lignes *b*B, *f*F, E*e*, etc. J'obtiens ainsi des points, qu'il me suffit de relier par des droites pour avoir le plan du champ de foire.

QUARANTE-QUATRIÈME LEÇON

DIFFICULTÉS PARTICULIÈRES.

J'ai pris ici le cas le plus simple. Nous n'avons éprouvé aucune difficulté pour traverser le champ de foire dans tous les sens, et pour le jalonner à notre gré.

Mais s'il s'était agi d'un bois, dans lequel on a grand'-peine à pénétrer, et où l'on ne peut tracer aisément des droites jalonnées, comment faire ?

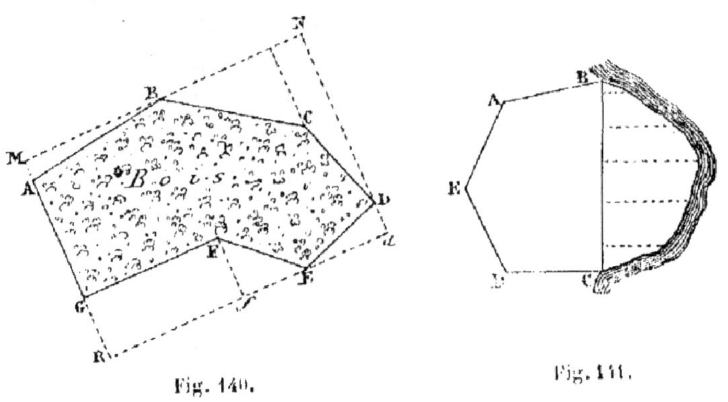

Fig. 140.   Fig. 141.

Cela n'est pas non plus bien difficile. Puisque je ne puis pas entrer dans le bois, je vais tourner autour. Pour cela, je jalonne, en le prolongeant à ses deux extrémités, un des côtés AG (fig. 140). Puis, avec une équerre d'arpenteur, je trace et fais jalonner les perpendiculaires à ce côté qui viennent des points B et E. Puis, je termine en traçant à partir du point D la perpendiculaire commune aux deux lignes ER et BM.

J'ai ainsi enveloppé mon bois d'un tracé rectangulaire MN*d*R. Il est clair que la surface du bois sera égale à la surface de ce rectangle, diminuée de tout ce qui est compris entre les bords du bois et les limites du rectangle.

La surface du rectangle, rien de plus simple : elle est MR $\times$ MN. Celle de l'espace intermédiaire? Je n'ai qu'à la diviser comme d'habitude en triangles et en trapèzes, et à mesurer à la fois les côtés et les perpendiculaires. C'est une affaire de patience.

Autre difficulté maintenant. Nos surfaces à arpenter étaient toujours terminées par des lignes droites. Comment faire si elles l'étaient par des courbes?

Voici, par exemple (fig. 141), le croquis d'une propriété bordée par une rivière. Je la découperais d'abord en deux parties par une ligne droite BC. Pour la partie ABCDE, nous savons comment nous y prendre.

Pour la seconde, je puis la décomposer en quantité de trapèzes, car les bords de la rivière, malgré leurs sinuosités peuvent être, sur de faibles longueurs, considérés comme droits. Plus on aura fait de trapèzes, plus, bien évidemment, la mesure sera exacte.

FIN.

TABLE DES MATIÈRES

QUATRIÈME PARTIE

Mesure des longueurs sur les lignes courbes.

CINQUIÈME PARTIE

Mesure des surfaces planes terminées par des lignes courbes.

SIXIÈME PARTIE

*Mesure des volumes terminés par des surfaces planes et des
surfaces courbes.*

SEPTIÈME PARTIE

Mesure des volumes terminés par des surfaces rondes.

HUITIÈME PARTIE

Dessin des figures géométriques.

NEUVIÈME PARTIE

Éléments d'arpentage et de levé des plans.

FIN DE LA TABLE DES MATIÈRES.

3368-83. — Corbeil, Typ. CRÉTÉ.